ISBN 978-0-267-93480-5
PIBN 11005574

# 1 MONTH OF FREE READING

at

## www.ForgottenBooks.com

By purchasing this book you are eligible for one month membership to ForgottenBooks.com, giving you unlimited access to our entire collection of over 1,000,000 titles via our web site and mobile apps.

To claim your free month visit:
www.forgottenbooks.com/free1005574

English
Français
Deutsche
Italiano
Español
Português

# www.forgottenbooks.com

**Mythology** Photography **Fiction**
Fishing Christianity **Art** Cooking
Essays Buddhism Freemasonry
Medicine **Biology** Music **Ancient
Egypt** Evolution Carpentry Physics
Dance Geology **Mathematics** Fitness
Shakespeare **Folklore** Yoga Marketing
**Confidence** Immortality Biographies
Poetry **Psychology** Witchcraft
Electronics Chemistry History **Law**
Accounting **Philosophy** Anthropology
Alchemy Drama Quantum Mechanics
Atheism Sexual Health **Ancient History**
**Entrepreneurship** Languages Sport
Paleontology Needlework Islam
**Metaphysics** Investment Archaeology
Parenting Statistics Criminology
**Motivational**

# ŒUVRES

## COMPLÈTES

# D'ÉTIENNE JOUY,

### DE L'ACADÉMIE FRANÇAISE;

### AVEC DES ÉCLAIRCISSEMENTS ET DES NOTES.

---

Theatre.

### TOME II.

### OPÉRA. — TOME I.

# PARIS

### IMPRIMERIE DE JULES DIDOT AÎNÉ,

RUE DU PONT DE LODI, N° 6. .

## 1823.

# LA VESTALE,

## TRAGÉDIE LYRIQUE

### EN TROIS ACTES,

REPRÉSENTÉE POUR LA PREMIÈRE FOIS SUR LE THÉATRE
DE L'ACADÉMIE DE MUSIQUE, LE 15 DÉCEMBRE 1807.

# PRÉAMBULE HISTORIQUE.

Les Vestales occupent dans l'histoire romaine une place honorable et brillante. Cette magistrature solennelle, confiée à la pureté et à la beauté; ce feu immortel, gardé par des mains vierges, et transmis comme un héritage par une succession de jeunes filles à la fleur de l'âge, et dans tout l'éclat de leurs charmes; les faisceaux sanglants de Sylla s'abaissant devant les six prêtresses; enfin tout un peuple guerrier, une république en armes et maîtresse du monde, entourant quelques vierges d'une vénération que l'on refusait aux plus grands rois; toute l'histoire des vestales, en un mot, doit être comptée au nombre des plus aimables souvenirs, et des plus singulières traditions de l'antiquité.

Rome naissante se trouvait déja sous la protection des vestales : Romulus passait pour fils de Mars et de la vestale Ilia. C'est aux vestales qu'on a recours dans toutes les calamités de la république. On les retrouve dans les triomphes, pour les consacrer; dans les désastres, pour apaiser les dieux. La destinée de l'empire semble confiée à ces mains innocentes. Le polythéisme était déja tombé, quand les vestales jouissaient encore à Rome de leur ancien pouvoir; et les pères de l'Église, sous Gratien, eurent plus de peine à détruire l'ordre des vestales qu'à effacer dans les esprits le souvenir des dieux, protecteurs de la vieille Rome.

Il y avait un certain rapport secret entre les dogmes nouveaux du christianisme et le culte des vestales païennes. Cette singularité de vertus, cette abnégation des passions terrestres, que l'on porta bientôt jusqu'à la déraison et le

délire, étaient les bases de l'institution des vestales. Qui-
conque parvient à étouffer ses passions, et à se rendre
maître de soi-même, acquiert beaucoup d'avantage sur les
autres hommes. Depuis les faquirs jusqu'aux moines, on a
souvent acheté la considération publique au prix de volon-
taires privations.

Cependant on aurait grand tort de comparer aux reli-
gieuses chrétiennes les vestales de Rome, comme l'ont fait
Cantelius, Rollin, et ce bon abbé Nadal, que Voltaire a
pris la peine de faire entrer dans une triade d'immortalité
ridicule, et qui a donné une assez mauvaise histoire des
vestales.

Nos religieuses étaient pauvres. Les vestales vivaient
dans une opulence digne du culte solennel qu'elles exer-
çaient, et de la gloire du peuple romain dont elles étaient le
garant et l'appui. Ce n'était point des filles humbles et timi
des, condamnées à une captivité rigoureuse, sans volonté,
sans liberté, sans crédit, et contraintes à étouffer sans cesse
les desirs de l'ame comme les facultés de l'intelligence et les
besoins des sens. Les vestales étaient des filles sacrées, qui
communiquaient avec les dieux mêmes, et dans lesquelles
on croyait retrouver des traces de la présence des immor-
tels. Majeures du vivant de leur père, et dès l'âge de dix
ans; environnées de toute la pompe réservée aux consuls;
comblées de richesses et d'honneurs; libres de parcourir la
ville, d'apaiser les troubles civils, et de se mêler aux plus
grandes divisions dont l'état était agité; conseillères des
pontifes, auxquels elles intimaient des ordres, et à qui, en
certains jours de l'année, elles prescrivaient leur conduite;
occupant la première place au théâtre; ayant pour fêtes
des triomphes, et pour lois leurs serments et leur volonté;
elles ne ressemblent pas plus à ces victimes dévouées que
renferment les murs des couvents, qu'un sultan de l'empire

turc, environné de voluptés et de grandeur, ne ressemble à un moine ou à un fakir.

On leur faisait, il est vrai, payer cher de si grands honneurs. La pureté violée, les lois de la chasteté enfreintes, le feu céleste éteint, étaient autant de crimes que la mort seule pouvait expier. *Cæsa est flagro virgo Vestalis*, dit Tite-Live. Tantôt on les faisait lapider, tantôt on les précipitait de la Roche Tarpéienne ; le plus fréquemment on les ensevelissait vivantes : et leur crime envers Vesta, déesse du feu et de la terre, devait s'expier au sein de la terre même :

« Quam violavit, in illâ
« Conditur : et tellus Vestaque numen id est.

« Comme elle a violé ses serments envers Vesta, déesse de « la terre, c'est aux gouffres même de la terre que l'on confie « le soin de la punir. »

Tout se réunit pour jeter de l'intérêt sur les vestales : la majesté qui les environne, la sévérité des mœurs qui leur est imposée, leur puissance, leur jeunesse, leur beauté, et les dangers qu'elles courent en se livrant au plus impérieux et au plus doux sentiment de la nature. Bayle s'étonne qu'*elles aient*, selon ses expressions, *cédé quelquefois à l'esprit d'incontinence*. Cette phrase est bien celle d'un théologien, homme d'esprit, qui voit et juge les passions du fond de son cabinet. Ce qui doit étonner au contraire, c'est que, dans toute l'histoire romaine, dans un espace de sept cents ans, on ne trouve que dix-huit vestales qui aient enfreint leurs serments, ou du moins qui aient été punies pour cette infraction.

Les noms de ces dix-huit victimes de l'amour sont : Pinaria, Popilia, Oppia, Minutia, Sextilia, Opimia, Florenia, Caparenia, Urbinia, Cornelia, Marcia, Licinia, Emilia, Mucia, Venerilla, deux sœurs de la maison des Ocellates, et la vestale Gorgia, que j'ai choisie pour l'héroïne de mon drame lyrique, et dont j'ai changé le nom peu agréable à l'oreille.

Le trait historique sur lequel cette piéce est fondée remonte à l'an de Rome 269, et se trouve consigné dans l'ouvrage de Winckelman, intitulé *Monumenti antichi inediti*. Sous le consulat de Q. Fabius, et de Servilius Cornelius, la vestale *Gorgia* (Julia), éprise de la passion la plus violente pour *Licinius*, Sabin d'origine, l'introduisit dans le temple de Vesta, une nuit où elle veillait à la garde du feu sacré. Les deux amants furent découverts; Julia fut enterrée vive, et Licinius se tua, pour se soustraire au supplice dont la loi punissait son crime.

En me proposant de transporter sur la scène lyrique une action dont le nœud, l'intérêt, et les détails, me paraissaient convenir particulièrement à ce genre de spectacle, je ne me dissimulai pas les difficultés que présentait le dénouement.

La vérité historique exigeait que la vestale coupable subit la mort à laquelle sa faute l'avait exposée; mais cette affreuse catastrophe, qui pourrait, à la faveur d'un récit, trouver place dans une tragédie régulière, était-elle de nature à pouvoir être consommée sous les yeux du spectateur? Je ne le pense pas.

Le parti que j'ai pris de sauver la victime par un miracle, et de l'unir à celui qu'elle aimait, peut devenir l'objet d'une autre critique. On m'objectera que ce dénouement est contraire aux notions les plus connues, et aux lois inflexibles auxquelles les vestales étaient soumises. Je ne croirais pas avoir suffisamment justifié la liberté que j'ai prise en m'autorisant de toutes celles du genre même auquel cet ouvrage appartient, et de toutes les concessions qui lui ont été faites; je vais essayer de prouver en peu de mots qu'en admettant, en faveur de la vestale que je mets en scène,

une exception à la loi terrible dont elle avait encouru la ri-
gueur, je me suis du moins ménagé des prétextes histori-
ques.

Sans doute on ne me demandera pas compte du miracle
auquel *Julia* doit la vie : l'histoire cite plusieurs vestales
arrachées à la mort par ce moyen dont les prêtres de Rome
s'étaient sans doute réservé le secret. J'ose croire même
qu'on ne m'opposera pas le précepte d'Horace,

Nec Deus intersit, nisi dignus vindice nodus.

Mais ce n'était pas assez d'arracher la vestale au supplice,
le complément de l'action dramatique exigeait qu'elle
épousât son amant ; et, tout en m'écartant de l'histoire en
ce point seul de mon ouvrage, je puis encore m'autoriser
de quelques faits consacrés par elle.

Il passait pour constant chez les Romains que le fonda-
teur de leur empire, Romulus, devait le jour à l'hymen du
dieu *Mars* et de la vestale *Ilia* : on sait aussi qu'Héliogabale
(en toute autre circonstance je me garderais bien d'invo-
quer une pareille autorité) ; on sait, dis-je, qu'Héliogabale
épousa la vestale *Aquilia Severa*, et que le sénat se prévalut
d'exemples anciens, qu'il supposa peut-être, pour autoriser
un semblable hymen. Enfin don Cassius parle, sans y
croire il est vrai, d'une vestale *Urbinia* qui fut relevée de
ses vœux par l'ordre des décemvirs, et se maria peu de
temps après.

J'ai pensé que ces témoignages, quelque récusables
qu'ils puissent paraître, suffisaient au degré de vraisem-
blance qu'exige le dénouement d'un drame lyrique, sur-tout
en observant que Racine, dans la tragédie de Britannicus,
s'est plus ouvertement encore écarté de l'histoire en pla-
çant *Junie* parmi les vestales, et sans pouvoir s'autoriser
d'aucune exception à la loi qui défendait qu'on y fût reçu
après l'âge de dix ans.

# PERSONNAGES.

| | |
|---|---|
| LICINIUS, général romain. | MM. NOURRIT. |
| CINNA, chef de légion. | Laïs. |
| LE SOUVERAIN PONTIFE. | Dérivis. |
| LE CHEF DES ARUSPICES. | Bonel. |
| UN CONSUL. | Martin. |
| JULIA, jeune vestale. | M<sup>me</sup> Branchu. |
| LA GRANDE VESTALE. | M<sup>lle</sup> Armand. |

VESTALES, PRÊTRES, PEUPLE, SOLDATS, JEUNES FILL
ET DAMES ROMAINES.

La scène est à Rome.

# LA VESTALE,

## TRAGÉDIE LYRIQUE.

~~~~~~~~~~~~~~~~~~~~~~~~~~~~~~~~~~~~~~~~~~~~~~~~~~~~~~~~~~~~

# ACTE PREMIER.

---

## SCÈNE I.

Le théâtre représente le *forum*. A gauche *l'atrium*, ou logement particulier des vestales, qui communique par une colonnade au temple de Vesta; sur le même côté, et vis-à-vis *l'atrium*, le palais de Numa et une partie du bois sacré qui l'entoure. Le fond représente le mont Palatin et les rives du Tibre.

On voit sur la place les préparatifs d'une fête triomphale. Le jour commence à peine.

### LICINIUS, CINNA.

(*Pendant la ritournelle Licinius est appuyé contre une des colonnes de l'*atrium; *Cinna sort du bois sacré.*)

#### CINNA.

Près de ce temple auguste, à Vesta consacré,
Pourquoi Licinius devance-t-il l'aurore?
D'ennuis et de chagrins ton cœur est dévoré;
Confie à l'amitié ton secret qu'elle ignore.
    (*Licinius veut s'éloigner.*)
Tu me fuirais en vain, j'accompagne tes pas.

LICINIUS, *montrant l'atrium.*

Ces murs, ces murs sur moi ne s'écrouleront pas!
Suis-je assez malheureux!

CINNA.

Toi? lorsque la victoire
A consacré ton nom au temple de mémoire;
Quand ton bras, signalé par d'immortels exploits,
De nos murs ébranlés chasse enfin les Gaulois;
Quand tu rentres vainqueur au sein de ta patrie!

LICINIUS.

Eh! que me font de vains honneurs,
De stériles lauriers, d'importunes grandeurs?
Que me fait Rome entière, et ma gloire, et ma vie?

CINNA.

Quels vœux, Licinius, peux-tu former encor?
Ne vois-je pas déja ta pompe triomphale,
Et sur ton front le laurier d'or
Attaché par les mains de la jeune vestale?

LICINIUS.

Que dis-tu, malheureux?

CINNA.

D'où vient que tu frémis!
Quel trouble, quel transport, égarent tes esprits?

*AIR.*

Dans le sein d'un ami fidéle
Tu crains d'épancher ton secret;
Tu ne me vois plus qu'à regret:
Voilà donc le prix de mon zéle!
Ta réserve à mon cœur
Serait moins importune,
Si tu me cachais ton bonheur;

Mais d'un ami dans l'infortune
Je veux partager la douleur.

### LICINIUS.

Eh bien ! partage donc mon crime et ma fureur ;
Partage de mes feux la violence extrême,
Et dispute à Vesta sa prêtresse que j'aime.
Tu connais mon destin.

### CINNA.

            Tout mon sang s'est glacé ;
Des plus affreux malheurs je te vois menacé.
Quel démon t'inspira cette ardeur sacrilége ?

### LICINIUS.

Elle était pure alors. Ami, te le dirai-je ?
Julia, cet objet de tendresse et d'effroi,
Par sa mère jadis fut promise à ma foi ;
Mais le chef orgueilleux d'une illustre famille
Ne pouvait consentir à me donner sa fille
Quand la gloire ignorait et ma race et mon nom.
Je volai dans les camps ; ma noble ambition
Par des travaux heureux a signalé ma vie :
Vainqueur, après cinq ans je revois ma patrie,
Je m'enivre en espoir du bonheur que j'attends !
    Revers cruels ! affreuse destinée !
Par un père expirant aux autels enchaînée,
Julia de l'amour a trahi les serments.

### CINNA.

Que je te plains !

### LICINIUS.

          C'est trop peu de me plaindre.

### CINNA.

Eh ! qu'espères-tu ?

LICINIUS.

Rien ; mais je suis las de craindre.

CINNA.

Ne t'abandonne pas à ce fatal transport ;
Songe aux lois, songe aux dieux que ton amour offense:
Terrible est leur courroux, terrible est leur vengeance.

LICINIUS.

Eh bien! je subirai mon sort.

Je connais le péril, j'ai mesuré l'abyme ;

Et, pour m'arracher à mon crime,

Cinna, ton amitié ferait un vain effort.
De mes coupables feux telle est la violence,

Que des dieux même la puissance

Ne peut à mon amour opposer que ma mort.

CINNA.

J'ai montré les dangers où ta fureur s'engage ;
L'amour veut les braver, l'amitié les partage.

*DUO.*

LICINIUS.

Quand l'amitié seconde mon courage,

De quels périls pourrais-je être alarmé ?

Repousse au loin ce funeste présage ;

Vois mon bonheur, Cinna, je suis aimé !

CINNA.

Puissent les dieux éloigner le présage

Qui vient saisir mon esprit alarmé !

LICINIUS.

Vois mon bonheur, Cinna, je suis aimé !

*ENSEMBLE.*

Non, de ma  ⎱
        ⎰ flamme criminelle
Si de ta    ⎰

Rien ne peut arrêter le cours,

Cinna, | de | tes | périls le compagnon fidéle,
O toi, | | mes |

A tes hardis projets prêtera son |
Dans mes hardis projets prête-moi ton | secours.

Unis par l'amitié d'une chaîne éternelle,

A quel autre aujourd'hui pourrais-je avoir |
Sur la terre à moi seul tu dois avoir | recours.

### CINNA.

Mais aujourd'hui du moins souffre que la prudence
Te rappelle ta gloire, et l'honneur qui t'attend :
Suis-moi ; déja l'heure s'avance [1]
Où tu dois en ces lieux revenir triomphant.

### LICINIUS.

Je la verrai, voilà mon espérance.

(*Ils sortent.*)

# SCÈNE II.

## LA GRANDE VESTALE, JULIA, LES VESTALES.

(*Elles sortent de l'atrium, et chantent cet hymne dans le bois sacré, avant de se rendre au temple.*)

### HYMNE DU MATIN.

### LA GRANDE VESTALE.

Fille du ciel, éternelle Vesta,
Répands ici tes clartés immortelles ;
Conserve aux mains de tes vierges fidéles
Le feu divin que ton souffle alluma.

---

[1] Pendant cette scène le théâtre s'est éclairé.

LES VESTALES.

Fille du ciel, etc.

(*Pendant cet hymne Julia paraît absorbée dans la plus profonde méditation, et n'en sort que pour s'appliquer les menaces que cet hymne renferme contre la prêtresse infidèle.*)

LA GRANDE VESTALE.

Chaste déesse, à la seule innocence
Tu confias le soin de tes autels;
Les vœux impurs, les desirs criminels,
  N'osent soutenir ta présence.

LES VESTALES.

Fille du ciel, etc.

LA GRANDE VESTALE.

De ce lieu saint où l'univers t'adore
La vierge impie est bannie à jamais;
La flamme éteinte accuse ses forfaits;
  La terre aussitôt la dévore.

LES VESTALES.

Fille du ciel, etc.

LA GRANDE VESTALE.

Prêtresses, dans ce jour Rome victorieuse
Présente à son héros le prix de la valeur:
  C'est à vous qu'appartient l'honneur
De ceindre de lauriers sa tête glorieuse.
Vous verrez à vos pieds, sous ces arcs triomphaux,
Tout le peuple romain, et le sénat lui-même;
Vous verrez des consuls la majesté suprême
  S'incliner devant vos faisceaux.
  Allez au temple, et par des sacrifices
D'Astrée et de Janus faites des dieux propices.

Julia, demeurez.

(*Les vestales se rendent au temple par la colonnade qui y conduit.*)

## SCÈNE III.

### JULIA, LA GRANDE VESTALE.

LA GRANDE VESTALE.

Pour la dernière fois
Je viens de vos dangers vous présenter l'image,
De votre cœur ranimer le courage,
Et du devoir faire entendre la voix.
Vous portez à regret la chaîne qui vous lie;
Jusqu'au pied des autels vos regards éplorés
Attestent les chagrins dont votre ame est remplie :
Le culte de Vesta, ses mystères sacrés,
Ne peuvent dissiper l'horreur qui vous assiége;
Un noir démon dans vos sens égarés
A versé le poison du desir sacrilége,
Et dérobe à vos yeux l'abyme où vous courez.

JULIA.

Qu'exigez-vous de moi? Victime infortunée,
Par la force enchaînée,
J'obéis à vos lois en pleurant sur mon sort.

LA GRANDE VESTALE.

Sur la terre en est-il de plus digne d'envie?
C'est à nous que Rome confie
Du saint palladium le précieux trésor :
Les respects, les honneurs, enchantent notre vie.

JULIA, *à part.*

Et l'erreur d'un moment nous condamne à la mort.

LA GRANDE VESTALE.

Dans une paix profonde,
Au sein du plus heureux séjour,
Nous recevons les hommages du monde,
Et nous bravons les dangers de l'amour.

JULIA.

Hélas !

LA GRANDE VESTALE.

*AIR.*

L'Amour est un monstre barbare,
Perfide ennemi de Vesta ;
C'est dans les gouffres du Ténare
Que Tisiphone l'enfanta :
Par lui de malheurs et de crimes
Ce monde impie est inondé ;
Sur des tombeaux, sur des abymes,
Son trône sanglant est fondé.
L'amour est un monstre barbare,
Perfide ennemi de Vesta ;
C'est dans les gouffres du Ténare
Que Tisiphone l'enfanta.

JULIA, *avec effroi.*

Au nom des dieux, au nom de Vesta que j'adore,
Prêtresse, accordez-moi la grace que j'implore ;
Souffrez que dans ces murs, cachée à tous les yeux,
Du triomphe sans moi la fête se dispose.

LA GRANDE VESTALE.

Rien ne peut vous soustraire aux soins religieux
Que la loi vous impose.
C'est vous qui de Vesta, dans l'ombre de la nuit,
Surveillez la flamme éternelle ;

C'est à vos pieds que le vainqueur conduit
Doit recevoir la couronne immortelle.
(*La grande vestale entre dans le temple.*)

# SCÈNE IV.

### JULIA, *seule.*

O d'un pouvoir funeste invincible ascendant !
C'en est fait, et des dieux je suis abandonnée.
Rebelle à mon amour, j'ai voulu vainement
    Échapper à ma destinée :
J'ai voulu me priver du suprême bonheur
De voir à mes genoux Licinius vainqueur,
D'acquitter envers lui la dette de l'empire :
Déesse, à tes rigueurs cet effort doit suffire.

*AIR.*

Licinius, je vais donc te revoir ;
J'entendrai de ta voix la douce mélodie ;
Ton regard dans mon cœur va rallumer l'espoir ;
    Et du moins de ma triste vie,
Que les dieux au malheur condamnent sans retour,
J'aurai pu consacrer ce moment à l'amour.
    Que dis-tu, perfide vestale...?
    Où t'emporte une erreur fatale ?
    Quel nom t'échappe en ce séjour !
Grace, dieux bienfaisants !

### UNE VESTALE, *sur les marches du temple.*

                Prêtresse, votre absence
Suspend le sacrifice ; et déja vers ces lieux
Du héros triomphant le char victorieux

Suit le cortège qui s'avance.

(*Julia entre dans le temple.*)

# SCÈNE V.

JULIA, LICINIUS, CINNA, LA GRANDE VESTALE, LE SOUVERAIN PONTIFE, CONSULS, SÉNATEURS, DAMES ROMAINES, VESTALES, GLADIATEURS, MUSICIENS, CORTÈGE TRIOMPHAL, etc.

Le cortège s'avance sur la place de divers côtés; il est précédé d'une foule de peuple qui remplit le fond de la scène. Viennent ensuite les prêtres des différents temples, à la tête desquels marchent le grand pontife, le chef des aruspices, le sénat, les consuls, les matrones, et les guerriers. Quand cette première partie du cortège a pris place, les vestales sortent du temple; la grande vestale porte le palladium. En sa qualité de vestale préposée à la garde du feu, on porte devant Julia un autel allumé. Les vestales passent devant les troupes, qui leur rendent les honneurs suprêmes; le peuple s'agenouille, le sénat s'incline, les faisceaux des consuls s'abaissent devant ceux des vestales, portés par quatre licteurs: elles prennent place au sommet d'une estrade élevée près de l'atrium; les consuls et le sénat sont placés au-dessous d'elles. Le char du triomphateur paraît; il est précédé par les musiciens, les tibiaires, etc., et traîné par des esclaves enchaînés. D'autres chefs ennemis prisonniers suivent le char. Licinius est revêtu de la robe triomphale; il tient en main le bâton de commandant. Cinna marche à la tête des troupes.

*FINALE.*

CHŒUR GÉNÉRAL.

De lauriers couvrons les chemins,
Ornons le temple de Cybèle;

Dans nos murs glorieux la paix enfin rappelle
Le vainqueur des Gaulois, le vengeur des Romains.

UN CORYPHÉE.

Le trépas ou l'esclavage
Allait être le partage
Des enfants de Romulus ;
Un héros à l'aigle altière
Rend son audace première :
Nos ennemis sont vaincus.

CHŒUR GÉNÉRAL.

De lauriers couvrons les chemins, etc.

GUERRIERS.

Il est l'arbitre de la guerre,
Que son nom soit honoré !

FEMMES.

Il donne la paix à la terre,
Que son nom soit adoré !

LICINIUS, *sur son char.*

Mars a guidé nos pas aux champs de la victoire,
Nos étendards sont triomphants ;
Les Romains sont encor les enfants de la gloire,
L'honneur des nations, et l'effroi des tyrans.
Des succès que leur main dispense
Rendons grace aux dieux immortels,
Et que l'encens de la reconnaissance
Brûle sur leurs autels.

( *Les consuls aident Licinius à descendre de son char, et le
conduisent sous un trophée élevé sur la droite de l'avant-
scène.* )

CHŒUR.

Il est l'arbitre de la guerre,

Que son nom soit honoré! etc.

LA GRANDE VESTALE, *à Julia.*

Sur le dépôt de la flamme immortelle,

Vous qui veillez dans la nuit solennelle

Qu'annonce au monde un jour si glorieux,

Consacrez, Julia, ce laurier précieux.

( *Elle lui remet la couronne d'or.* )

LICINIUS, *à part à Cinna.*

Tu l'entends... cette nuit... Julia... dans le temple...

CINNA, *à part à Licinius.*

Observe-toi, la foule nous contemple.

LA GRANDE VESTALE, *à Julia.*

Au héros des Romains remettez en ce jour

    Le noble prix de la victoire ;

Et que pour lui le gage de la gloire

    Le soit aussi de notre amour!

JULIA *prend la couronne, qu'elle passe sur le feu sacré.*

Grands dieux! soutenez ma faiblesse.

LICINIUS, *à part.*

C'est elle! ô transports pleins d'ivresse!

( *Pendant les cérémonies auxquelles préside Julia, le peuple chante le chœur suivant.* )

CHŒUR.

De Vesta chaste prêtresse,

Ornez son front radieux,

Et que nos chants d'allégresse

Portent son nom jusqu'aux cieux.

JULIA.

( *Pendant le chœur précédent elle traverse la scène, et monte sur l'estrade d'un pas chancelant. Licinius s'a-*

*genouille devant elle. En lui mettant la couronne sur la*
*tête elle chante d'une voix altérée :)*

> Jeune héros, de la gloire
> Reçois le gage en ce jour ;
> Monument de ta victoire,
> Qu'il le soit de notre amour !

LICINIUS, *à Julia.*

Écoute... Julia... sous ces portiques sombres...

*ENSEMBLE.*

| LA GRANDE VESTALE, *regardant Julia.* | LE PONTIFE, *d'un ton prophétique, et les yeux fixés sur l'autel des libations.* |
|---|---|
| Son cœur est tourmenté ; Les pensers les plus sombres Sur son front attristé Ont répandu leurs ombres. | Au sein de la clarté Quelles funestes ombres ! L'autel est attristé De feux mourants et sombres. |
| CINNA, *à part à Licinius.* | JULIA, *avec égarement.* |
| Ton regard attristé Trahit tes pensers sombres ; Une affreuse clarté Peut sortir de ces ombres. | O moment redouté ! Sous ces portiques sombres Mon œil épouvanté Ne voit plus que des ombres. |

LICINIUS, *bas à Julia.*

Écoute, Julia... sous ces portiques sombres
J'irai cette nuit même... à la faveur des ombres,
T'arracher...

JULIA, *effrayée.*

Que dis-tu ?

UN CONSUL, *allant à Licinius.*

Magnanime héros,

La paix est en ce jour le fruit de vos conquêtes ;
Jouissez dans son sein de vos nobles travaux,
Et comme à nos destins présidez à nos fêtes.

*(Julia va reprendre sa place auprès du feu sacré, et Lici-*

*nius entre les deux consuls. Les jeux, les danses, les combats de lutteurs et de gladiateurs se succèdent, et les vestales distribuent les prix aux vainqueurs.*)

LE PONTIFE, *après les jeux.*

Peuple, cessez vos jeux; à Jupiter sauveur
Allons au Capitole immoler nos victimes,
    Et des mains du triomphateur
Suspendre à son autel les dépouilles opimes.

(*Le cortége retourne au Capitole dans l'ordre où il est arrivé.*)

FIN DU PREMIER ACTE.

# ACTE SECOND.

## SCÈNE I.

Le théâtre représente l'intérieur du temple de Vesta, de forme circulaire. Les murailles sont décorées de lames de feu. Le feu sacré brûle sur un vaste autel de marbre, au centre du sanctuaire. La vestale de garde a un siége ménagé dans le massif de l'autel, auquel on arrive par des gradins circulaires. Une porte de bronze occupe le fond de la scène; d'autres portes plus petites conduisent au logement particulier des vestales, et dans les autres parties du temple. Le palladium est placé sur un socle derrière l'autel.

JULIA, LA GRANDE VESTALE, LES VESTALES.

*HYMNE DU SOIR*

VESTALES, *autour de l'autel.*

Feu créateur, ame du monde,
De la vie emblème immortel,
Que ta flamme active et féconde
Brille à jamais sur cet autel!

LA GRANDE VESTALE, *en remettant à* Julia *la verge
d'or qui sert à attiser le feu.*

Du plus auguste ministère,
Le signe révéré que je mets en vos mains,
Cette nuit, Julia, vous rend dépositaire
De la faveur des dieux et du sort des Romains.

Cette heure auguste et solennelle
Vous met en présence des dieux;
Songez qu'ils puniront un soupir infidéle,
Et que ces voûtes ont des yeux.

LES VESTALES, *en sortant.*

Feu créateur, ame du monde, etc.

# SCÈNE II.

JULIA, *seule, dans l'attitude du plus profond accablement;
elle s'agenouille sur les marches de l'autel, où elle reste
un instant prosternée.*

**AIR.**

Toi que j'implore avec effroi,
Redoutable déesse,
Que ta malheureuse prêtresse
Obtienne grace devant toi!
Tu vois mes mortelles alarmes,
Mon trouble, mes combats, mes remords, ma douleur;
Laisse-toi fléchir par mes larmes,
Étouffe ma funeste ardeur.

( *Elle se lève, monte sur l'autel et attise le feu.* )

Sur cet autel sacré, que ma prière assiége,
Je porte en frémissant une main sacrilége.
Mon aspect odieux
Fait pâlir la flamme immortelle:
Vesta ne reçoit point mes vœux,
Et je sens que son bras me repousse loin d'elle.

( *Elle parcourt la scène d'un pas égaré.* )

Eh bien! fils de Vénus, tu le veux, je me rends!

Où vais-je? ô ciel! quel délire
S'est emparé de mes sens!...
Un pouvoir invincible à ma perte conspire;
Il m'entraîne, il me presse... Arrête, il en est temps;
La mort est sous tes pas, la foudre sur ta tête...
  ( *Avec délire.* )
Licinius est là; je pourrais le revoir,
L'entendre, lui parler; et la crainte m'arrête!...
Non, je n'hésite plus; l'amour, le désespoir
Prononcent mon arrêt.

         *AIR.*

     Suspendez la vengeance,
  Impitoyables dieux!
  Que le bienfait de sa présence
  Enchante un seul moment ces lieux!
Et Julia, soumise à votre loi sévère,
  Abandonne à votre colère
Le reste infortuné de ses jours odieux.
Le sort en est jeté, ma carrière est remplie:
Viens, mortel adoré, je te donne ma vie.
  ( *Elle ouvre la porte du temple, et va s'appuyer contre
    l'autel.* )

# SCÈNE III.

## JULIA, LICINIUS.

LICINIUS, *au fond.*
Julia!

JULIA.
C'est sa voix!

LICINIUS.

Julia!

JULIA.

L'autel tremble!

LICINIUS.

Enfin je te revois!

JULIA.

Dans quel temps! dans quels lieux!

LICINIUS.

Le dieu qui nous rasse
Veille autour de ces murs, et prend soin de tes jours.

JULIA.

Je ne crains que pour toi.

LICINIUS.

Des dangers que tu cours
J'ai repoussé l'image.
Par ce terrible effort juge de mon courage.

JULIA.

Licinius...

LICINIUS, s'approchant.

Reçois le serment que je fais;
Je vivrai pour t'aimer, te servir, te défendre.

JULIA.

Au bonheur d'un instant je puis enfin prétendre.

LICINIUS.

N'est-il donc point d'asile au milieu des forêts,
Sous un ciel étranger, dans quelque antre sauvage?
Dis un mot, un seul mot, d'un affreux esclavage
Je puis t'affranchir.

JULIA.

Non, jamais.

Dispose de mes jours, je te les sacrifie :
Je dois compte des tiens aux dieux, à la patrie ;
Et, parmi les périls qu'il m'est doux de braver,
Ta gloire est tout pour moi, je la veux conserver.

LICINIUS.

*AIR.*

Les dieux prendront pitié du sort qui nous accable ;
Ils ont jeté sur nous un regard favorable.
    Fille du ciel, idole de mon cœur,
    Sois à jamais l'arbitre de ma vie ;
Un seul de tes regards est pour moi le bonheur ;
Va, c'est aux immortels à nous porter envie :
Que puis-je desirer auprès de Julia ?

JULIA.

    Auprès de celle qui t'adore,
Qui frémit de t'aimer en le jurant encore...

LICINIUS.

    Vénus un jour nous unira ;
    C'est elle que mon cœur atteste.

JULIA, *regardant l'autel.*

    Éloigne-toi de cet autel funeste,
    Le feu pâlit.

( *Julia monte sur l'autel, attise le feu. Licinius s'agenouille*
*au pied de l'autel.* )

LICINIUS.

    Chaste divinité,
Dissipe un sinistre présage.
Tout mon crime, Vesta, c'est d'aimer ton image,
Et nos feux ont des tiens toute la pureté.

*ENSEMBLE.*

L'amour qui brûle dans notre ame

Ne saurait être criminel;
Nous avons épuré sa flamme
En l'allumant sur ton autel.

JULIA.

La fille de Saturne entend notre prière :
De l'autel embrasé l'éclatante lumière
Signale autour de nous la céleste faveur.

LICINIUS.

Ah ! je ne doutais pas d'un pouvoir que j'adore.
Quel dieu, quand Julia l'implore,
Pourrait, en l'écoutant, conserver sa rigueur !

JULIA *descend de l'autel, et s'approche de Licinius.*

Au bonheur je viens de renaître;
Du passé je n'ai plus qu'un faible souvenir,
Un nuage à mes yeux s'étend sur l'avenir,
Et l'instant où je suis réunit tout mon être.
Quel trouble !

*DUO.*

LICINIUS.

Quels transports !

JULIA.

Je suis auprès de toi.

LICINIUS.

De tes regards mon cœur s'enivre;
Sur cet autel sacré viens recevoir ma foi.

JULIA.

A l'amour mon ame se livre;
Sur cet autel sacré viens recevoir ma foi.

*ENSEMBLE.*

Dans l'ivresse du bien suprême,
J'oublie et la terre et les dieux.

O douce moitié de moi-même!
Le ciel est pour moi dans tes yeux.

LICINIUS.

A l'amour mon ame se livre;
L'univers n'est plus rien pour moi.

JULIA.

C'est pour toi seul que je veux vivre.

LICINIUS.

Pour toi Licinius veut vivre.

JULIA *et* LICINIUS.

Sur cet autel sacré viens recevoir ma foi.

( *Au moment où les deux amants vont pour monter à l'autel, le feu, qui s'est affaibli par degrés, s'éteint tout-à-coup, et le théâtre n'est plus éclairé que de la faible clarté qu'on peut supposer venir du dehors.* )

JULIA.

Quelle nuit!

LICINIUS.

Justes dieux!

JULIA, *sur l'autel.*

Ma perte est assurée:
Plus d'espoir, j'ai vécu; la flamme est expirée.

LICINIUS.

Que dis-tu?

JULIA.

C'en est fait.

LICINIUS.

Tu me glaces d'effroi.

# SCÈNE IV.

### LES MÊMES, CINNA.

CINNA, *se précipitant dans le temple.*

Licinius!

JULIA.

Quelle voix!

CINNA.

Le temps presse :
Vers la première enceinte on entend quelque bruit;
Nous pouvons échapper dans l'ombre de la nuit;
Profitons des moments que le destin nous laisse.

LICINIUS, *à Cinna.*

Regarde cet autel; le feu céleste est mort,
Et tu veux que je l'abandonne!

JULIA.

Ta présence en ces murs, loin de changer mon sort,
Des horreurs du trépas sans espoir m'environne.

LICINIUS, *à Julia, d'un ton égaré.*

Eh bien! suis-moi... sortons.

CINNA, *l'arrêtant.*

Que dis-tu, malheureux?
Tu vas creuser sa tombe.

LICINIUS.

O désespoir affreux!
Julia!

CINNA.

Quel délire!

*TRIO.*

JULIA.

Ah! si je te suis chère,

Prends pitié de tes jours :

A ses maux étrangère,

Mon ame est tout entière

Aux dangers que tu cours.

Au nom du saint nœud qui nous lie,

Quitte ces tristes lieux;

En t'éloignant sauve ma vie.

LICINIUS.

Dans ce temple odieux,

Je laisserais toujours ma vie.

CINNA.

De ces funestes lieux

Éloignons-nous, je t'en supplie.

Viens.

( *Il le saisit.* )

LICINIUS.

Moi, que je la quitte !

JULIA.

Il le faut.

LICINIUS.

Je ne puis.

CINNA.

Un seul moment encore, elle meurt...

LICINIUS, *avec fureur.*

( *à Cinna.* )

Je te suis.

Je n'en crois plus que mon audace.

( *à Julia.* )

Mon amour t'a perdue, il doit te protéger :

Quel que soit aujourd'hui le sort qui te menace,

Je saurai t'y soustraire, ou bien le partager.

CINNA, *écoutant.*

( *Les cris du peuple se font entendre en dehors.* )

Des sons lointains se font entendre,
　Hâtons-nous de sortir.

LICINIUS.

Dieux immortels, quel parti prendre?

CINNA.

Fuyons.

JULIA.

　　Fuyez.

LICINIUS.

　　Que vas-tu devenir?

JULIA.

Au nom de l'amour le plus tendre!

*ENSEMBLE.*

Des sons lointains se font entendre,

Sortons ⎱ pour ⎰ la ⎱ défendre.
Sortez ⎰　　 ⎱ me ⎰

LICINIUS.

Je vais te sauver ou mourir.

( *Ils sortent.* )

# SCÈNE V.

## JULIA, *seule.*

Il vivra... d'un œil ferme
Je puis de mon destin envisager l'horreur.
　Mes jours étaient comptés par la douleur,
Un instant de bonheur en a marqué le terme,

Ne les regrettons pas... On vient. Quelles clameurs?
Licinius! Grands dieux! s'il était... Je me meurs!

( *Elle tombe évanouie sur les marches de l'autel.* )

# SCÈNE VI.

**JULIA, LE SOUVERAIN PONTIFE, PRÊTRES, VESTALES.**

( *Les prêtres entrent par la porte à droite, les vestales par celle de gauche. Licinius est sorti par le fond. Le théâtre s'éclaire.* )

CHŒUR DE PEUPLE, *en dehors.*

Les dieux demandent vengeance :
Deux sacriléges mortels
Ont souillé les saints autels
De leur indigne présence.

LE PONTIFE.

O crime! ô désespoir! ô comble des revers!
Le feu céleste éteint!... la prêtresse expirante!
Les dieux, pour signaler leur colère éclatante,
Vont-ils dans le chaos replonger l'univers?

( *Des vestales s'empressent autour de Julia.* )

JULIA.

Eh quoi! je vis encore?

UNE VESTALE.

◡ O fille infortunée!

LE PONTIFE.

Du temple de Vesta l'enceinte est profanée;
Les dieux et le peuple d'accord
Poursuivent le forfait, réclament la victime.

2.

Est-ce à vous d'expier le crime?
Répondez, Julia.

JULIA.

Qu'on me mène à la mort :
Je l'attends, je la veux ; elle est mon espérance,
De mes longues douleurs l'affreuse récompense :
Le trépas m'affranchit de votre autorité, ·
Et mon supplice au moins sera ma liberté.
Prêtre de Jupiter, je confesse que j'aime.

LE PONTIFE.

Sous ces portiques saints, quel horrible blasphème!
Ainsi, du temple auguste outrageant tous les droits,
A vos vœux infidèle, à vos serments parjure,
Votre cœur a trahi la plus sainte des lois.

JULIA.

Est-ce assez d'une loi pour vaincre la nature?

*FINAL.*

CHOEUR DE PRÊTRES.

Sa bouche a prononcé l'arrêt ;
La mort est due à son forfait.

JULIA.

*AIR.*

O des infortunés déesse tutélaire!
Latone, écoute ma prière ;
Mon dernier vœu doit te fléchir :
Daigne, avant que j'y tombe,
Écarter de ma tombe
Le mortel adoré pour qui je vais mourir.

LE PONTIFE.

Nommez ce mortel téméraire
Qui, de Vesta sur vous attirant la colère,

Dans l'enceinte sacrée osa porter ses pas.
    Quel est son nom?

JULIA.

Vous ne le saurez pas.

LE PONTIFE.

Interpréte suprême
Du céleste courroux,
Ma voix lance sur vous
Le terrible anathème.

JULIA.

Le temps finit pour moi, mes jours sont effacés;
De la mort sur mon·front je sens les doigts glacés.

LE PONTIFE.

De ces lieux, prêtresse adultère,
Préparez-vous à sortir pour jamais :
    Allez dans le sein de la terre,
Allez au jour dérober vos forfaits.

( *Aux vestales.* )

De son front, que la honte accable,
Détachez ces bandeaux, ces voiles imposteurs,
    Et livrez sa tête coupable
Aux mains sanglantes des licteurs.

( *On dépouille Julia de ses ornements de vestale, qu'on lui donne à baiser.* )

CHOEUR GÉNÉRAL.

De son front, que la honte accable,

Détachons }
Détachez } ces bandeaux, ces voiles imposteurs,

Et { livrons }
   { livrez } sa tête coupable

Aux mains sanglantes des licteurs.

( *Le grand Pontife jette un voile noir sur la tête de Julia,
qui sort escortée des licteurs, par la porte du fond ; les
vestales et les prêtres sortent par les portes latérales.* )

**FIN DU SECOND ACTE.**

# ACTE TROISIÈME.

— 

## SCÈNE I.

Le théâtre représente le champ d'*exécration*, borné à gauche par la porte Colline et les remparts de Rome; à droite par le cirque de Flore et le temple de Vénus Éricine. On voit au fond le mont Quirinal, au sommet duquel s'élève le temple de la Fortune. Sur la porte du champ on lit : *Sceleratus ager*. On remarque sur la scène trois tombes de forme pyramidale : deux sont fermées d'une pierre noire, sur laquelle on lit en lettres d'or le nom de la vestale qu'elle renferme, et le millésime de sa mort. La troisième, destinée à Julia, est ouverte; un escalier conduit dans l'intérieur.

LICINIUS, *seul et dans le plus grand désordre.*

Qu'ai-je vu! quels apprêts! quel spectacle d'horreur!
Mon ame s'abandonne à toute sa fureur!
    Un aveugle transport me guide,
    La terre frémit sous mes pas.
        ( *Allant vers la tombe ouverte.* )
    Le voilà ce gouffre homicide
    Qui doit dévorer tant d'appas!

*AIR.*

Julia va mourir!... Non, non, je vis encore,
    Je vis pour défendre ses jours;

Contre des dieux cruels qu'en vain le faible implore,
L'amour, le désespoir, me prêtent leur secours.

# SCÈNE II.

### LICINIUS, CINNA.

#### LICINIUS.

Cinna, que fait l'armée?

#### CINNA.

Il n'en faut rien attendre.
On gémit, on te plaint, on n'ose te défendre.

#### LICINIUS.

Les lâches!

#### CINNA.

Tout le camp semble glacé d'effroi.
Mais pour mourir auprès de toi,
Je t'améne à ma suite
De guerriers et d'amis une troupe d'élite;
Rassemblés en secret sur le mont Quirinal:
De ton ordre avec eux j'attendrai le signal.

#### LICINIUS.

O digne ami!

#### CINNA.

Compte sur mon courage:
Des dangers près de toi j'ai fait l'apprentissage.

#### AIR.

Ce n'est plus le temps d'écouter
Les vains conseils de la prudence:
Mon bras, tu n'en saurais douter,
S'arme toujours pour ta défense.

Les dieux peuvent sur nous
Appésantir leur main puissante ;
Mais tout l'effort de leur courroux
N'a rien dont mon cœur s'épouvante.
Il n'est pas au pouvoir du sort
De rompre le nœud qui nous lie,
Et le jour témoin de ta mort
Verra le terme de ma vie.
Mais, avant de tenter un combat inégal,
Du pontife suprême invoque la puissance.

LICINIUS.

De ce prêtre cruel l'aveuglement fatal
A de mon triste cœur banni toute espérance.

CINNA.

Seul il peut, détournant la colère des dieux,
Arracher la vestale au sort qu'on lui destine.

LICINIUS.

Il doit se rendre ici.

CINNA.

De la porte Colline
Je le vois s'avancer dans ces funestes lieux ;
Je te laisse avec lui.

(*Il sort.*)

# SCÈNE III.

## LICINIUS, LE SOUVERAIN PONTIFE, LE CHEF DES ARUSPICES.

LICINIUS.

D'un sacrifice affreux

L'appareil se prépare :
Victime d'une loi barbare,
La beauté, la jeunesse est livrée aux bourreaux,
Et vivante descend dans la nuit des tombeaux.

LE PONTIFE.

Tel est l'ordre des dieux.

LICINIUS.

           Cependant leur clémence
Peut laisser à ta voix désarmer leur vengeance.
Je viens pour Julia réclamer ton appui.

LE PONTIFE.

Qu'oses-tu demander, quand l'état aujourd'hui,
Quand le salut de Rome exige une victime?

LICINIUS.

Le salut des états ne dépend point d'un crime [1].

LE PONTIFE.

Ces tristes monuments te disent que jamais
Vesta n'a pardonné de semblables forfaits.

LICINIUS.

Romulus en naissant bravait ta loi fatale;
Mars lui donna le jour au sein d'une vestale.

LE PONTIFE.

Julia doit mourir.

LICINIUS.

         Elle ne mourra pas.

LE PONTIFE.

     Les dieux demandent son trépas :
Qui pourrait s'opposer à leur ordre suprême?
Qui pourrait à leurs coups la soustraire?

---

[1] Voir à la fin de la pièce les notes anecdotiques

### LICINIUS.

Moi-même.

### LE PONTIFE.

Téméraire, quel crime oses-tu concevoir?

### LICINIUS.

Connais-moi tout entier; connais mon seul espoir.
    Je suis son amant, son complice;
Et je dois l'arracher ou la suivre au supplice.

### LE PONTIFE.

    Tu périras sans la sauver :
Contre un pouvoir divin, que tu prétends braver,
    Ta gloire est une arme frivole.
La roche Tarpéienne est près du Capitole [1].

### *DUO.*

### LICINIUS.

    C'est à toi de trembler :
    Dans ma juste colère,
    Mon bras peut ébranler
    Ton autel sanguinaire.

### LE PONTIFE.

    C'est à toi de trembler,
    Le ciel a son tonnerre.

### LICINIUS.

Si Julia périt, redoute mes transports.

### LE PONTIFE.

Les dieux arrêteront tes criminels efforts.

### LICINIUS.

    J'ai des amis que ma fureur anime :

---

[1] Cette belle pensée appartient à Mirabeau : on se souvient encore de l'effet qu'elle produisit, prononcée du haut de la tribune nationale.

Nous couvrirons ces champs de morts,
Et nous sauverons la victime.

### LE PONTIFE.

Tremble, tremble; tes vains efforts
Ne sauveront pas la victime.

### ENSEMBLE.

| LICINIUS. | LE PONTIFE. |
|---|---|
| C'est à toi de trembler ! | C'est à toi de trembler ! |
| Dans ma juste colère, | Ta fureur téméraire |
| Mon bras peut ébranler | Ne saurait m'ébranler ; |
| Ton autel sanguinaire. | Le ciel a son tonnerre. |
| Si Julia périt, redoute mes trans- | Les dieux arrêteront tes criminels ef- |
| ports : | forts ; |
| Je veux qu'une horrible hécatombe | Ils ont accepté l'hécatombe ; |
| Signale ces moments affreux, | Et, pour satisfaire à tes vœux, |
| Et j'immolerai sur sa tombe | Bientôt ici, sur cette tombe, |
| Toi, tes prêtres cruels, et moi-même | Tes amis périront, et toi-même avec |
| après eux. | eux. |

(*Licinius sort.*)

# SCÈNE IV.

## LE SOUVERAIN PONTIFE, L'ARUSPICE.

### L'ARUSPICE.

Différons, croyez-moi, l'instant du sacrifice.
Il est puissant, vainqueur...

### LE PONTIFE.

           Vénérable aruspice,
Reposez-vous sur moi du soin religieux
D'arrêter les efforts d'un jeune furieux.

### L'ARUSPICE.

Du peuple et des soldats si la foule égarée...

LE PONTIFE.

De nos divins autels la gloire est assurée.
Suivons notre devoir, et laissons faire aux dieux.

# SCÈNE V.

JULIA, LA GRANDE VESTALE, LES PRÉCÉDENTS,
PEUPLE, PRÊTRES, SOLDATS, DAMES ROMAINES, JEUNES
FILLES, VESTALES, CONSULS, etc.

(*Julia, conduite par des licteurs, est entourée par ses parents et par un chœur de jeunes filles. On porte devant elle un autel éteint. Les vestales portent les ornements de la vestale condamnée.*)

CHŒUR DE PEUPLE, *pendant la marche du cortège.*
　　Périsse la vestale impie,
　　Objet de la haine des dieux!
　　　　Que son trépas expie
　　　　Son forfait odieux!
CHŒUR DE JEUNES FILLES ET DE VESTALES.
　　Tant de jeunesse, tant de charmes,
　　Vont périr au sein des douleurs.
　　Dieux cléments! pardonnez les larmes
　　Que nous arrachent ses malheurs...
JULIA.
(*Aux vestales.*)　　　　(*A la grande vestale.*)
Adieu, mes tendres sœurs. O vous que je révère,
Du ciel en ma faveur désarmez le courroux;
A mes derniers moments tenez-moi lieu de mère;

Bénissez votre fille embrassant vos genoux.

(*Elle tombe à ses pieds.*)

### LA GRANDE VESTALE.

Ah! je le sens, pour toi j'ai le cœur d'une mère,
Et je bénis ma fille embrassant mes genoux.

### JULIA.

Plus heureuse, à présent je puis quitter la terre.

(*Après ce mouvement les licteurs séparent Julia de ses
compagnes.*)

LE PONTIFE, *auprès de l'autel de Jupiter, où il fait des
libations.*

De Jupiter auguste sœur,
Vesta, déesse protectrice,
Écoute nos chants de douleur;
Et que le sacrifice
Qu'exige ta justice
Soit le garant de ta faveur!

### CHOEUR GÉNÉRAL.

Écoute nos chants de douleur, etc.

JULIA, *sur le devant.*

Le désespoir, la honte, un supplice effroyable,
Dieux immortels, voilà mon sort!
Du sein de ces tombeaux quelle voix lamentable
M'appelle au séjour de la mort?

### CHOEUR GÉNÉRAL.

Périsse la vestale impie,
Objet de la haine des dieux, etc.

### JULIA.

Un peuple entier demande que j'expire,
Et presse les tourments qui me sont destinés;

Ma mort importe au salut d'un empire :
Éteignons sans regrets mes jours infortunés.

*AIR.*

Toi que je laisse sur la terre,
Mortel que je n'ose nommer,
Tout mon crime fut de t'aimer,
Et la mort ne peut m'y soustraire.
Hélas ! dans ces moments d'horreur,
Autour de mon tombeau quand mon ame est errante,
De mon fatal amour la flamme dévorante
Brûle encore au fond de mon cœur.
Des dieux la justice offensée
En vain s'élève contre moi ;
Je t'adresse, en mourant, ma dernière pensée,
Et mon dernier soupir s'exhale encor vers toi.

(*Pendant cet air on fait les préparatifs du supplice : on
descend dans la tombe un lit, un vase de lait, etc.*)

CHŒUR DE FEMMES.

Tant de jeunesse, tant de charmes,
Vont périr au sein des douleurs, etc.

LE PONTIFE.

Dieux de cet empire,
Par un forfait outragés,
Que votre courroux expire !
Vous allez être vengés.

(*Aux vestales.*)

Sur l'autel profané de la chaste déesse
Que le voile de la prêtresse
Soit suspendu dans ce moment !
Et, si Vesta pardonne à son erreur funeste,

Aussitôt la flamme céleste
Va consumer l'indigne vêtement.

(*Les vestales vont placer la robe sur l'autel; tous les yeux y restent fixés.*)

### CHŒUR DE FEMMES.

Vesta, nous t'implorons pour la vierge coupable ;
Fais briller à nos yeux ta clarté secourable.

(*Il se fait un long silence.*)

LE PONTIFE, *remettant à Julia une lampe allumée.*

Les dieux ont prononcé ton juste châtiment;
La mort doit expier le crime.
Licteurs, dans son tombeau descendez la victime.

JULIA, *sur les marches du souterrain.*

Adieu... tout!

# SCÈNE VI.

LES MÊMES; LICINIUS, CINNA, SOLDATS.

(*Ils se précipitent du mont Quirinal.*)

### LICINIUS.

Arrêtez, ministres de la mort!

JULIA, *appuyée sur la balustrade qui entoure sa tombe, une partie du corps en terre.*

C'est sa voix!

### LICINIUS.

Vous allez immoler l'innocence.
C'est moi qui de Vesta mérite la vengeance :
Je suis seul criminel, ordonnez de mon sort.

### CHŒUR.

Licinius! ô dieux !

LICINIUS.

C'est moi de qui l'audace,
Secondant un aveugle amour,
De Vesta, dans la nuit, profana le séjour :
La prêtresse qu'ici votre courroux menace,
Julia, n'eut point part au crime de mes feux.
Qu'elle vive! et mon sang va couler à vos yeux.

( *Il appuie un glaive sur sa poitrine.* )

JULIA.

Le courage toujours à la pitié s'allie :
Pour suspendre ma mort il brave le trépas;
Mais à ma faute en vain ce héros s'associe :
Il vous trompe, Romains; je ne le connais pas.

LICINIUS, *avec fureur.*

Tu ne me connais pas!

CHŒUR DE PRÊTRES.

Le forfait les rassemble;
Qu'ils périssent ensemble!

CHŒUR DE GUERRIERS.

C'est un héros, c'est notre appui.
Avant que du vengeur de Rome
La perte à nos yeux se consomme,
Nous périrons tous avec lui.

CHŒUR DE PRÊTRES ET DE PEUPLE.

Le forfait les rassemble;
Qu'ils périssent ensemble!

LE PONTIFE, *au peuple.*

Romains, de vos autels soyez les défenseurs.

LICINIUS, *aux siens.*

De l'innocence, amis, soyez les protecteurs.

CHŒUR DE PRÊTRES.

Qu'elle meure !

LICINIUS.

Tremblez !

JULIA.

De cette lutte impie

Prévenons les dangers en terminant ma vie.

(*Elle descend dans le souterrain, dont les licteurs ferment
aussitôt l'ouverture. Au même moment le peuple et les
soldats qui tiennent pour le grand-prêtre se rangent de-
vant l'entrée du souterrain, et se préparent à recevoir les
soldats de Licinius.*)

LICINIUS, *aux siens.*

Suivez-moi, compagnons.

(*Au moment où l'on se prépare à en venir aux mains, le
ciel s'obscurcit tout-à-coup; la foudre gronde avec fracas;
la scène n'est plus éclairée que du feu des éclairs.*)

CHŒUR GÉNÉRAL.

O terreur! ô disgrace !

La nuit couvre ces lieux ;

La foudre nous menace :

Est-ce justice ou grace

Que vont faire les dieux?

Effroyables tempêtes !

L'air brûlant sur nos têtes

Roule en torrents de feux.

O terreur! ô disgrace ! etc.

(*Les soldats, qui ne se voient plus, et qui sont glacés d'effroi
se mêlent sans combattre. Licinius et Cinna descendent
dans la tombe, et, à la fin de la dernière partie du chœur, le
fond du théâtre s'ouvre dans sa partie élevée, et laisse*

*voir un volcan de feu d'où la foudre s'échappe et vient
embraser sur l'autel la robe de la prêtresse. Le feu reste
allumé.* )

LE PONTIFE.

Soldats, peuple, arrêtez !
Quel ravissant spectacle !
Le ciel, par un miracle,
Manifeste ses volontés.

( *Licinius et Cinna ont ramené sur le devant de la scène Ju-
lia évanouie ; elle reprend insensiblement ses esprits.* )

Voyez sur cet autel la flamme étincelante.

LICINIUS et CINNA.

O ciel !

JULIA.

Où suis-je ? et qu'est-ce que je vois ?

LE PONTIFE.

Une déesse bienfaisante
Révoque en ce moment ses rigoureuses lois ;
Mars a désarmé sa colère,
Et Vesta d'une chaîne austère
Délivre sa prêtresse, et couronne ton choix.

JULIA et LICINIUS.

Qu'entends-je ? quel espoir ?

LE PONTIFE.

Sa puissance divine
Vous dérobe l'aspect de ces funestes lieux :
Le temple du pardon va s'ouvrir à vos yeux.
Adorez Vénus Érycine.

( *Le pontife s'éloigne, et les vestales sortent avec lui, em-
portant le feu sacré.* )

4

*( Le théâtre change, et représente le cirque de Flore et le temple de Vénus Érycine. )*

### PRÊTRESSES DE VÉNUS.

Mortels, renaissez au bonheur;
Parez-vous des fleurs les plus belles :
Vénus de deux amants fidèles
En ce jour couronne l'ardeur.

### JULIA.

O clémence infinie!
Le flambeau de mes jours vient de se rallumer;
Je reçois de l'amour une nouvelle vie,

*( à Licinius. )*

Et je la reçois pour t'aimer.

### LES PRÊTRESSES DE VÉNUS, *conduisant Julia à l'autel.*

Amante fortunée,
Consacrez vos serments aux autels d'hyménée.

### JULIA, *à Licinius.*

*( Duo du deuxième acte. )*

Sur cet autel sacré viens recevoir ma foi.

### LICINIUS.

De tes regards mon cœur s'enivre;
L'univers est changé pour moi.

### JULIA.

C'est pour toi seul que je veux vivre.

### ENSEMBLE.

Sur cet autel sacré viens recevoir ma foi.

### CHOEUR FINAL.

L'espoir est rentré dans notre ame;
Nos prières, nos pleurs, ont apaisé les dieux :

Vesta sur son autel a rallumé la flamme
    Qu'elle conserve dans les cieux.

*( La pièce se termine par des jeux et des danses analogues
    au culte de Vénus Érycine, dans lesquels on célèbre
    l'hymen de Licinius et de Julia. )*

`

FIN DU TROISIÈME ACTE.

# NOTES ANECDOTIQUES

## SUR L'OPÉRA DE LA VESTALE.

Cet opéra, si favorablement accueilli du public, ne se produisit au théâtre qu'avec beaucoup de difficultés; et il ne fallut rien moins que la protection spéciale dont l'impératrice Joséphine honorait l'auteur de la musique, pour surmonter les obstacles de toute nature qui s'opposèrent, pendant trois ans, à là mise en scène de cet ouvrage.

Peut-être n'est-il pas inutile d'observer que l'époque à laquelle je dédiai le poëme de la Vestale à l'épouse de l'Empereur était précisément celle où son divorce avec Napoléon venait d'être résolu. J'éprouvais je ne sais quelle satisfaction dans l'hommage public que je rendais à cette excellente Joséphine, que la politique forçait à descendre d'un trône où toutes les affections l'avaient portée, et qu'elle embellissait par tant de graces et de qualités aimables.

Sous le régime impérial la censure des pièces de théâtre s'exerçait sans doute avec beaucoup de rigueur, mais elle était loin d'être parvenue au degré d'ineptie et de susceptibilité où nous l'avons vue depuis : les grands intérêts de la politique et du gouvernement exceptés, tout était du ressort des auteurs dramatiques : on n'avait point encore songé à bannir du théâtre la peinture des vices et des ridicules des gens en place, à proscrire l'emploi des mots *patrie* et *liberté;* on eût trouvé tout simple que dans une pièce qui portait le titre de *Titus,* on fît l'éloge du grand empereur qui se plaignait d'avoir perdu une journée; qu'on représentât *Tibère* comme un monstre de dissimulation; on mesurait la sévérité de la censure à la nature et à l'importance des ouvrages, et le gouvernement se croyait assez fort pour résister à des maximes d'opéra. La musique jouissait du privilége du pavillon des neutres : elle couvrait la cargaison.

Ces immunités de l'académie chantante ne furent méconnues qu'une seule fois, et ce fut à la troisième représentation de *la Vestale*.

L'Empereur avait fait prévenir qu'il y assisterait. M. le premier chambellan Rémuzat, avait remarqué aux deux représentations précédentes que le public applaudissait avec une sorte d'affectation ce vers du troisième acte :

> Le salut des États ne dépend pas d'un crime.

il craignit que ces applaudissements ne se renouvelassent avec plus de force en présence de l'empereur, et qu'il ne les interprétât comme un témoignage désapprobateur d'un projet de divorce dont le public était instruit : en conséquence, M. le chambellan prit la peine de se rendre chez moi, et après m'avoir exprimé ses inquiétudes avec une adresse tout-à-fait diplomatique, il fut convenu qu'à ce vers *allusif* on substituerait celui-ci, pour la représentation du soir :

> Rome, pour son salut, n'a pas besoin d'un crime.

Malheureusement l'Empereur, qui tenait le poëme à la main, s'aperçut d'autant plus vite du changement, qu'il voulut se rendre compte des applaudissements mêlés de murmures qu'excitait le vers insignifiant qu'il venait d'entendre : j'ai su depuis que cette précaution du courtisan fut au moment d'amener sa disgrace.

La musique de l'opéra de la Vestale a fait époque dans les annales du théâtre : elle a classé tout-à-coup M. Spontini au premier rang des compositeurs dramatiques ; et je puis du moins m'applaudir d'avoir fourni à ce musicien célèbre l'occasion de produire au grand jour de la scène son premier chef-d'œuvre.

M. Spontini, à peine âgé de vingt-cinq ans, s'était déja fait connaître assez avantageusement à Paris par son opéra de la *Finta filosofa*, pour se promettre un succès plus décisif sur le théâtre Feydeau, pour lequel il avait composé la musique d'une très jolie piéce de MM. Dieulafoy et Gersain, intitulée *la Petite Maison*. J'assistais à la première représentation de cet opéra-comique; une cabale, aussi injuste que violente, décida du sort de l'ouvrage, dont la chute fut accompagnée de circonstances qui ne laissèrent dans mon esprit aucun doute sur les moyens qu'une rivalité jalouse avait employés pour éloigner de la carrière un talent qui s'annonçait d'une manière aussi brillante : les marques d'improbation dont la musique de la Petite Maison avait été l'objet étaient si loin d'avoir affaibli l'impression profonde qu'avait faite sur moi une foule de beautés du premier ordre dont cet ouvrage m'avait paru rempli, que le hasard m'ayant fait rencontrer M. Spontini le lendemain, je lui offris de mettre en musique l'opéra de la Vestale. Il accepta avec empressement, et le public, après deux cents représentations, ne se lasse pas d'applaudir à l'une des plus vastes et des plus belles compositions musicales dont s'honore la scène lyrique.

L'admirable talent que déploya madame Branchu dans la Vestale a mis le comble à la réputation de cette grande cantatrice.

Dans le rôle du souverain pontife, M. Dérivis fit oublier Larrivée et Chéron à ceux des spectateurs qui avaient connu ces deux chanteurs célébres.

La Vestale, traduite littéralement en italien, fut jouée sur le théâtre de Saint-Charles à Naples, pendant trois années consécutives, et la musique admirable de M. Spontini n'y fut pas accueillie avec moins d'enthousiasme qu'elle ne l'avait été à Paris.

En rendant compte de l'opéra de la Vestale, un journal de Venise essaya de prouver que le poëme français n'était qu'une élégante imitation d'un ouvrage italien dont il citait quelques fragments : je me contentai de répondre que ma pièce avait été lue et reçue au théâtre de l'opéra de Paris sept ans avant que le poëte de Venise eût publié la sienne.

La Vestale, traduite en ballet par le célèbre chorégraphe Vigano, a été jouée avec un égal succès sur tous les théâtres d'Italie.

# FERNAND CORTEZ,

## OPÉRA

### EN TROIS ACTES,

REPRÉSENTÉ POUR LA PREMIÈRE FOIS SUR LE THÉATRE
DE L'ACADÉMIE DE MUSIQUE, LE 28 NOVEMBRE 1809.

# PRÉAMBULE HISTORIQUE.

Si l'on excepte l'établissement du Christianisme et la Réforme de Luther, il n'est pas d'événement qui ait exercé sur les destinées du genre humain une aussi grande, une aussi féconde influence que la découverte du Nouveau-Monde.

Elle a augmenté la masse des jouissances et des lumières; elle a ouvert de nouvelles routes aux sciences; elle a changé l'état social de l'Europe.

Cet événement n'est pas moins remarquable sous le rapport dramatique. La passion des richesses et de la renommée dévorait les usurpateurs. Ils déployèrent dans leur conquête une aussi grande force de volonté, autant de ressources d'esprit, que de cruauté et de barbarie. Les mœurs nouvelles des contrées qu'ils ravagent, leur audace mêlée de fanatisme, les singuliers et divers caractères de leurs chefs, la témérité de leurs entreprises, leur cupidité atroce, leur bravoure gigantesque, impriment à cette époque historique un caractère d'audace et d'originalité qui n'a d'exemple dans aucune autre page des annales anciennes et modernes.

Après Christophe Colomb, Fernand Cortez est, sans contredit, le personnage le plus héroïque et le plus extraordinaire qui se présente sur ce nouveau théâtre.

Doué d'une activité sans égale, d'une grande élévation d'ame, d'une fermeté que rien n'ébranlait, son esprit était étendu, ses desseins étaient vastes. Il savait pardonner; et, de tous les chefs castillans, il se montra incomparablement le plus généreux. Cortez unissait deux qualités bien précieuses dans un conquérant, beaucoup de fougue et beaucoup de sang-froid : la force, l'adresse, le courage, ont signalé sa miraculeuse expédition.

Le conquérant du Mexique était né à Medelin, petite ville de l'Estramadure, en 1485. Destiné au barreau, il ne tarda pas à se livrer aux impulsions d'un génie ardent, et il embrassa l'état militaire, dans l'espérance de se signaler sous les ordres du fameux Gonzalve de Cordoue. Une maladie dangereuse l'empêcha de partir pour Naples; et, dès qu'il fut rétabli, il alla chercher aux Indes occidentales la gloire et les dangers dont il était avide. Jusque-là sans nom, sans protections, et sans autre appui que son génie et son courage, il arrive, combat à-la-fois les armes mexicaines et la jalousie des chefs castillans, échappe miraculeusement à tous les dangers, conquiert un empire immense, lutte contre les intrigues d'une cour ingrate et inquiète, et finit par mourir dans la misère.

Ses derniers jours sont une des leçons les plus instructives qu'offre l'histoire. Il faut étudier le dénouement d'une si belle vie, pour connaître jusqu'où peut aller l'ingratitude des rois.

On saisit ses biens dans l'Inde : on met ses amis aux fers. On le rappelle en Espagne, où on le traite avec un respect et une solennité dont on se servait pour cacher la haine et la crainte inspirées par un homme qui avait pu faire à lui seul d'aussi grandes choses. Il revient au Mexique, décoré d'un ordre militaire, et privé de toute autorité. Dès lors ses entreprises sont entravées : il perd son indépendance; il est soumis à une surveillance qui ôte à son génie sa force et sa hardiesse. Las de se voir sans cesse entouré d'espions, de jaloux, d'envieux, il revient en Europe demander justice au roi Charles-Quint. On l'accueille froidement. Le grand Cortez se bat comme volontaire à l'expédition d'Alger. Au retour, les audiences lui sont refusées. Un jour il fend la presse qui entoure la voiture du monarque, et monte sur l'étrier de la portière. Charles-Quint s'étonne, et s'écrie : «Qui « êtes-vous? — Un homme qui vous a donné plus de pro- « vinces que votre père ne vous a laissé de villes. » Une telle réponse n'était pas faite pour réussir à la cour de l'orgueil- leux Charles-Quint. Le vainqueur du Mexique, celui qui avait disposé des trésors du Nouveau-Monde, meurt dans l'oubli et dans la misère. L'histoire l'a vengé.

La conquête du Mexique par sept cents Espagnols, sous la conduite de Fernand Cortez, est peut-être de tous les évé- nements de l'histoire moderne celui qui inspire le plus d'é- tonnement et d'admiration, et qui prouve avec plus d'éclat ce que peuvent le courage, la constance, et l'inflexible vo- lonté d'un grand homme.

Une injustice assez commune parmi ceux qui n'ont étudié l'histoire de l'Amérique que dans le roman poétique des *Incas*, c'est de confondre sans cesse les conquérants du

Mexique avec ceux du Pérou, et d'associer presque par-tout les noms de Cortez et de Pizarre, quoique les deux expéditions et les chefs qui les ont conduites ne puissent en aucune manière être mis en parallèle.

Cortez, gentilhomme espagnol, doué de toutes les qualités qui font les héros, eut à lutter, dans sa prodigieuse entreprise, contre des obstacles qu'il n'appartenait qu'à lui seul de surmonter. Avec une armée forte de *sept cents hommes*, de *huit pièces de canon*, et de *dix-sept chevaux*, il parvint à subjuguer un empire immense, défendu par des peuples guerriers, dont les mœurs féroces et les superstitions cruelles affaiblissent beaucoup l'intérêt qui s'attache ordinairement au courage malheureux : enfin, et pour comble d'éloges, Cortez (quoi qu'en ait pu dire un seul historien [1]) ne souilla sa gloire d'aucune de ces cruautés dont ses compatriotes donnèrent à cette époque de si nombreux exemples ; car on ne peut qualifier de ce nom les actes de sévérité auxquels il fut obligé d'avoir recours pour assurer son existence et celle de ses compagnons d'armes, au milieu des complots et des piéges dont il étoit sans cesse environné : encore moins faut-il le rendre responsable du barbare traitement exercé, pendant son absence, sur la personne de l'infortuné Guatimozin, par l'impitoyable Aldérète. Ajoutons qu'après avoir découvert et conquis le Mexique, il mourut dans la pauvreté.

---

[1] Antonio de Herrera, *Histoire générale des Indes.*

Pizarre, au contraire, aventurier de la plus basse extraction, et qui n'eut pas même l'honneur de diriger en chef une expédition dont il partagea le commandement avec Almagre et le prêtre Ferdinand de Luques; Pizarre, disons-nous, avec une armée trois fois plus forte que celle de Cortez, n'eut à surmonter, dans la conquête du Pérou, que les obstacles produits par la nature des lieux et par l'influence du climat. Ses victoires sur un peuple doux, timide, et désarmé, sont celles d'un tigre dans une bergerie : il ne combattit pas les Péruviens, il les extermina.

Sans entrer ici dans des détails historiques généralement connus, nous nous contenterons de faire observer qu'il est peu d'ouvrages dramatiques, même d'un genre plus sévère, où l'histoire ait été plus fidélement suivie que dans cet opéra. L'émeute des soldats espagnols dans le premier acte, la réception des ambassadeurs mexicains, l'incendie de la flotte de Cortez, ordonné par lui-même, le sacrifice des victimes humaines au moment d'être consommé, en un mot, toutes les situations principales et tous les personnages importants (Alvar excepté) nous ont été fournis par les historiens les plus fidéles. On concevra facilement les motifs qui nous ont empêchés de faire paraître Montézuma [1]; nous avons cru que l'histoire, en flétrissant la honteuse faiblesse de ce prince, ne nous permettait pas de le présen-

[1] Ce préambule se trouvait placé à la tête de la première édition de Fernand Cortez. On verra dans les notes anecdotiques, jointes à cet opéra, quelles raisons m'ont déterminé à rendre à ce monarque, dans ma piéce, la place qu'il occupe dans l'histoire.

ter sur la scène d'une maniere dramatique. Quant au personnage d'*Amazily*, nous avons voulu peindre, sous ce nom, une femme célèbre dans les annales du Mexique; et l'on jugera si nous avons ajouté quelque chose à la vérité, par le passage suivant, extrait de l'ouvrage d'Antonio de Solis :

« Dans le nombre des vingt femmes, dit cet historien, « que le cacique d'Hyucatan avoit données à Cortez, ce gé- « néral ne tarda pas à démêler le génie supérieur de l'une « d'entre elles, qu'il fit instruire et baptiser sous le nom de « *Marina* (nous la nommons *Amazily*). Il semble que les « génies d'un ordre supérieur se pénétrent. Cortez et Ma- « rina se plurent au premier abord, et s'attachèrent l'un à « l'autre des liens du plus tendre amour. Cortez, qui recon- « nut bientôt l'étendue d'esprit et la fermeté du caractère de « son amante, en fit tout à-la-fois son conseil et son inter- « prète, et tira de ses liaisons avec cette jeune Américaine « les avantages les plus considérables : deux fois elle lui « sauva la vie au péril de la sienne; et comme le goût des « plaisirs s'allie assez communément, dans les ames héroï- « ques, avec la passion de la gloire, ils s'aimèrent, et de « leur union naquit un fils qui fut nommé *Martin Cortez*, « et que Philippe II créa, par la suite, chevalier de Saint- « Jacques. »

Ce mélange d'amour et de gloire, ce sujet fécond en spectacles singuliers, en caractères brillants et passionnés, nous paraissent convenir éminemment à notre grand théâtre lyrique. Les chevaux[1] que nous avons introduits sur la scène n'y sont point un vain luxe destiné à frapper les yeux ; ils doivent, au contraire, rappeler la surprise et la terreur que leur premier aspect fit éprouver aux Mexicains, et la part qu'ils eurent au succès de cette mémorable entreprise. Suivant l'avis d'un critique habile[2], la conquête du Mexique est le plus beau sujet que l'histoire des siécles modernes offre au génie de l'épopée. Or, sans entrer ici dans une discussion qui nous conduirait trop loin, nous nous bornerons à rappeler aux gens de goût que le grand opéra français a pour le moins autant de rapport avec l'épopée qu'avec la tragédie, quoiqu'il soit également inférieur à l'une et à l'autre.

[1] Voir les notes à la fin de l'ouvrage.
[2] M. de Laharpe

# PERSONNAGES.

|  | MM. |
|---|---|
| MONTÉZUMA. | DÉRIVIS. |
| FERNAND CORTEZ. | NOURRIT. |
| TÉLASCO. | LAÏS. |
|  | DABADIE. |
| ALVAR. | ÉLOY. |
| LE GRAND-PRÊTRE. | BONEL. |
| MORALÉS. | PREVOST. |
| PRISONNIERS. | LAFEUILLADE. |
|  | DABADIE. |
| UN OFFICIER MEXICAIN. | MARTIN. |
| UN OFFICIER ESPAGNOL. | PICARD. |
|  | M^mes |
| AMAZILY. | BRANCHU |
|  | PAULIN. |
|  | SAINVILLE. |
|  | DABADIE-LEROU |
| SUIVANTES D'AMAZILY. | LEBRUN, REINE, |
|  | MAZE, FALCOZ. |

SOLDATS ESPAGNOLS.

SOLDATS MEXICAINS.

PEUPLES DU MEXIQUE.

## CHŒURS.

PRÊTRES MEXICAINS.

SOLDATS ESPAGNOLS.

FEMMES MEXICAINES.

# FERNAND CORTEZ,

## OPÉRA.

~~~~~~~~~~~~~~~~~~~~~~~~~~~~~~~~~~~~~~~~~~~~~~

# ACTE PREMIER.

Le théâtre représente la première enceinte du grand temple de Mexico, éclairé par des feux, pendant une nuit orageuse. L'idole de Talépulca (Dieu du mal), supportée par deux tigres d'or, est élevée au fond du parvis; on découvre les portes qui conduisent dans l'enceinte souterraine, où sont jetés les prisonniers de guerre destinés au sacrifice. Au lever du rideau, les prêtres et les magiciens se prosternent la face contre terre; le grand-prêtre seul est debout auprès de l'idole, sur une estrade.

## SCÈNE I.

### LE GRAND-PRÊTRE, ALVAR ET LES PRISONNIERS ESPAGNOLS, *en dehors.*

#### ALVAR ET LES PRISONNIERS ESPAGNOLS.

Champs de l'Ibérie,
O douce patrie!
Adieu pour toujours!

#### LE GRAND-PRÊTRE.

Des prisonniers chrétiens j'entends la voix impie;
Ils ont fait tous nos maux, que leur mort les expie!

5.

ALVAR ET LES PRISONNIERS, *toujours en dehors.*

Champs de l'Ibérie,
O douce patrie !
Adieu pour toujours !
Avant la victoire,
Une mort sans gloire
Termine nos jours.

CHŒUR DE PRÊTRES MEXICAINS.

Que tout frémisse,
Que tout gémisse
Devant le dieu vengeur !
Que sa justice
S'appesantisse,
Et frappe l'oppresseur !

LE GRAND-PRÊTRE, *aux sacrificateurs.*

Vengeurs de nos autels, et vous, prêtres fidèles,
Qui gémissez sur nos revers,
Il est temps d'effacer nos injures cruelles ;
C'est à nous désormais de venger l'univers.

( *Il fait signe d'amener les prisonniers ; quatre jongleurs
tournés vers l'extérieur donnent, à son de trompe, le si-
gnal du sacrifice.* )

# SCÈNE II.

LES MÊMES, ALVAR, PRISONNIERS ESPAGNOLS.

(*Ils sont amenés par des soldats mexicains, au bruit d'une musique sauvage. Le peuple les suit et se livre aux transports d'une joie féroce.*)

CHŒUR DE MEXICAINS, DANSES BARBARES.

Déchirons, frappons les victimes,
Répandons leur sang odieux;
Nos fureurs sont trop légitimes,
Nous vengeons l'empire et les dieux.

ALVAR, *aux prisonniers.*

Soldats du grand Cortez, enfants de l'Ibérie,
Le brave est au dessus du caprice du sort.
De ce peuple barbare étonnons la furie;
Voici notre dernier effort :
On renaît immortel, mourant pour la patrie;
Soyons fiers de notre mort !

CHŒUR DES MEXICAINS.

Déchirons, frappons les victimes, etc. etc.

LE GRAND-PRÊTRE.

Quand le ciel a parlé, les délais sont des crimes.
Sur le sommet du temple, aux yeux de l'étranger,
Qui s'arme en vain pour les venger,
Que vos sanglantes mains déchirent les victimes.

(*Les sacrificateurs entourent la statue de Talépulca, et couronnent de feuillage les tigres d'or.*)

(*Alvar et deux de ses compagnons sur le devant de la scène.*)

### ALVAR.

Amis, voici l'instant d'un triomphe immortel ;
Que nos derniers accents montent vers l'Éternel !

*HYMNE ( à trois voix sans accompagnement ).*

Créateur de ce nouveau monde,
Qui méconnaît encor tes lois ?
Dieu, sur qui notre espoir se fonde,
Du haut des cieux entends nos voix !
Sous les poignards de la vengeance
Adorant tes décrets divins,
Nos cœurs implorent ta clémence
Pour nos farouches assassins.

(*Les prisonniers s'agenouillent pendant les deux derniers
vers.*)

### CHŒUR MEXICAIN.

Déchirons, frappons les victimes, etc. etc.

ALVAR, *au moment où on l'emmène avec les autres prison-
niers.*

Amis, par un dernier effort,
De ce prêtre imposteur étonnons la furie ;
On renaît immortel, mourant pour la patrie :
Soyons fiers de notre mort !

# SCÈNE III.

LES MÊMES, MONTÉZUMA, TÉLASCO, GARDES DE SA
SUITE, LE GRAND-PRÊTRE.

### LE GRAND-PRÊTRE.

Montézuma paraît ; auprès de lui s'avance
Le chef de nos guerriers,

Ce Télasco, dont la rare vaillance
Défend nos dieux, nos lois, et nos foyers.

MONTÉZUMA.

Du sanglant sacrifice
Suspendez à l'instant les funestes apprêts :
Du ciel la terrible justice
A mis entre nos mains le frère de Cortez.

TÉLASCO, *aux prisonniers.*

L'un de vous est Alvar !

MONTÉZUMA.

Qu'il consente à paraître ;
Quel est-il ?

ALVAR.

En mourant il se fera connaître.

MONTÉZUMA.

C'est lui !... nous espérions en vain
Suspendre de Cortez l'audacieux dessein.
Ne perdons pas ce précieux otage.

TÉLASCO.

De nos braves guerriers, d'Amazily ma sœur,
Qu'à son char triomphal Cortez traîne en vainqueur,
Alvar est aujourd'hui le gage.

LE GRAND-PRÊTRE.

Que peut-elle attendre de nous,
Celle qui, désertant les dieux de ses ancêtres,
Parmi nos ennemis courut chercher des maîtres ?

MONTÉZUMA.

Vous prépariez sa mort, elle évita vos coups...

TÉLASCO.

Oui, ma sœur a pu se soustraire
Aux poignards des bourreaux teints du sang de sa mère.

LE GRAND-PRÊTRE.

Quel bruit soudain ?

LE CHŒUR.

O ciel ! Amazily !

# SCÈNE IV.

### LES MÊMES, AMAZILY.

AMAZILY, *au peuple.*

C'est moi !

MONTÉZUMA, *indiquant les prisonniers.*

Qu'on les éloigne...

AMAZILY, *au Roi.*

O mon prince ! ô mon maître,

A tes genoux sacrés daigne me reconnaître.
Je vois tous les dangers qui m'attendent ici...

( *au Grand-Prêtre.* )

Mais je sais les braver ; je sais braver ta haine,
Et le péril de tous en ces murs me ramène.

( *au Roi.* )

Cortez approche de ces lieux :
Si son frère périt dans ce jour odieux,

C'en est fait du Mexique ;

Sur les débris fumants de cette ville antique,
L'Espagnol furieux, au meurtre abandonné,
Suivra l'exemple affreux que ce prêtre a donné !
Grand Roi, sauvez Alvar, pour sauver la patrie.

TÉLASCO.

Nos bras de ce torrent suspendront la furie.

MONTÉZUMA.

Quand vingt peuples unis sont prêts à l'accabler,
  C'est pour Cortez qu'il faut trembler.

AMAZILY.

Je tremble pour mon Roi, je tremble pour mon frère ;
Cortez, par le ciel même armé de son tonnerre,
Bienfaiteur des humains, soumis par ses exploits,
D'un Dieu consolateur nous apporte les lois.

LE GRAND-PRÊTRE.

O comble des forfaits ! O blasphème exécrable !

TÉLASCO.

Où t'égare, ma sœur, une flamme coupable ?

AMAZILY.

Je ne m'en défends pas, et ce crime est le mien :
  J'aime Cortez, j'en suis aimé ;
  Amazily, par l'amour animée,
Peut des deux nations devenir le lien.

LE GRAND-PRÊTRE.

Les dieux sauront punir ta flamme illégitime.

AMAZILY.

Je renonce à tes dieux qui commandent le crime,
Et le dieu de Cortez est désormais le mien.

LE GRAND-PRÊTRE.

Prince, il est temps que l'arrêt s'accomplisse.
Qu'au milieu des tourments l'infidèle périsse,
Et nos dieux satisfaits vont combattre pour nous.

AMAZILY.

*AIR.*

Dieu terrible ! prêtre jaloux !
  C'est moi que ta vengeance appelle !
Oui, c'est sur moi que ta main criminelle

Veut appesantir son courroux :
Triomphe ! accable ta victime,
Qu'attendait le sort le plus doux :
Fidéle au devoir qui m'opprime,
Mon cœur s'abandonne à tes coups.

MONTÉZUMA.

    De cette infortunée
Une funeste erreur n'a point détruit les droits ;
    A sa douleur abandonnée,
Qu'elle reste en ces lieux sous la garde des lois.
Alvar et ses guerriers, dans leur prison profonde,
Attendront dans les fers mon ordre souverain ;
Et nous, aux pieds du dieu qui gouverne le monde,
Allons interroger l'oracle du destin.

( Il sort. )

LE GRAND-PRÊTRE, à part.

Il parlera !...

( Tous sortent, excepté Amazily et Télasco. )

# SCÈNE V.

TÉLASCO, AMAZILY.

AMAZILY, à Télasco.

Daigne m'entendre.

TÉLASCO.

Esclave de Cortez, que pourrais-tu m'apprendre.
    Loin de nos remparts glorieux
    Nous poursuivions une race ennemie ;
    Elle revient, plus affermie,
Détruire nos autels, notre empire, nos Dieux ;

Et c'est toi, c'est ma sœur qui conduit leur furie !

AMAZILY.

As-tu donc oublié qu'au sein de ma patrie,

Près de ma mère, et presque sous tes yeux,

Je tombais sous les coups d'un prêtre furieux?

Un héros protégea ma vie;

Je suis ses pas victorieux.

TÉLASCO.

C'est à l'amour que ton cœur sacrifie!

AMAZILY.

Télasco, je m'en glorifie.

J'aime le plus grand des mortels;

De ce monde opprimé j'ai devancé l'hommage.

TÉLASCO.

D'un si vil esclavage

Tu peux chérir les liens criminels...!

Vois ces murs où jadis tu reçus la naissance !

AMAZILY.

Vois ce temple de la vengeance,

Où ton Dieu veille et me poursuit toujours!

TÉLASCO.

Je désarmerai sa colère,

Je défendrai tes jours.

AMAZILY.

Tu n'as pu défendre ma mère....

Ah! songe aux périls que tu cours.

TÉLASCO.

Va, les dangers sont pour tes maîtres.

AMAZILY.

Un Dieu puissant combat pour eux.

TÉLASCO.

Méconnais-tu celui de tes ancêtres?

AMAZILY.

Il est couvert du sang des malheureux.

TÉLASCO.

Un asile te reste encore;
Aux champs des Ottomis je puis guider tes pas.

AMAZILY.

Non, non, n'espère pas
Que je quitte jamais le héros que j'adore.

ENSEMBLE.

| TÉLASCO. | AMAZILY. |
|---|---|
| Dieu du Mexique, dieu vengeur! | Dieu de Cortez, vois ma douleur; |
| Tu vois la honte qui m'accable; | Désarme un frère inexorable; |
| A ta juste fureur | Toi qui lis dans mon cœur, |
| Je livre la coupable. | Tu sais s'il est coupable. |
| (à sa sœur.) | Permets à mon amour |
| N'écoute que l'amour, | De sauver en ce jour |
| Sacrifie en ce jour | Mon frère et ma patrie. |
| Ton frère et ta patrie; | (à son frère.) |
| Honteux de tes refus, | Ah! malgré tes refus, |
| Dans ma juste furie, | Mon cœur, dans ta furie, |
| Je ne te connais plus. | Reconnaît tes vertus. |

# SCÈNE VI.

LES MÊMES, **MONTÉZUMA, LE GRAND-PRÊTRE,**
**PRÊTRES, PEUPLES, SOLDATS MEXICAINS,** *dans le plus*
*grand désordre.*

( *L'on entend ici un grand éclat de tonnerre, et la statue du*
*Dieu du mal est ébranlée ; des flammes s'élèvent autour*
*du Dieu.* )

**MONTÉZUMA,** *consterné.*
C'en est donc fait ; et le ciel en courroux
Annonce notre perte et s'arme contre nous !...
**LE GRAND-PRÊTRE.**
Prince, tu peux encor détourner ce présage,
Tu peux finir les maux qui nous menacent tous.

# SCÈNE VII.

LES MÊMES, **UN OFFICIER MEXICAIN.**

**L'OFFICIER.**
Du lac les Espagnols franchissent le rivage.
**TÉLASCO.**
Ils viennent chercher le trépas ;
Cortez, au désespoir, fatigue ses soldats,
Et contre lui bientôt ils tourneront leur rage...
**AMAZILY.**
Va, l'aspect de ces murs enflamme leur courage.

(*au Roi.*)

Dis un mot, j'arrête leurs pas ;

Je revole à Cortez et j'obtiens une trève...

LE GRAND-PRÊTRE, *avec fureur.*

Que le sacrifice s'achéve...

MONTÉZUMA, *d'un ton impérieux et absolu.*

Non...

(*à Amazily.*)

Retourne vers Cortez,

Où mes envoyés vont te suivre ;

Dis-lui que son frère peut vivre ;

Que j'ai fait de sa mort suspendre les apprêts.

AMAZILY.

J'éteindrai le flambeau d'une guerre cruelle.

Quel que soit le vainqueur je saurai le fléchir ;

Si je ne puis te secourir,

Victime soumise et fidéle,

A tes pieds je reviens mourir.

MONTÉZUMA.

A tes serments, oui, tu seras fidéle.

*QUARTETTO.*

| AMAZILY. | MONTÉZUMA. |
|---|---|
| O mon roi ! compte sur mon zéle, | Je compte encore sur ton zéle, |
| J'arrêterai ces fiers guerriers ; | Cours arrêter ces fiers guerriers. |
| Mais d'une fureur criminelle | Ah ! puisse une paix fraternelle |
| Défends tes nobles prisonniers. | Briser les fers des prisonniers. |
| LE GRAND-PRÊTRE, *aux soldats.* | TÉLASCO, *au roi.* |
| Armés d'une fureur nouvelle, | Compte sur mon bras, sur mon zéle ; |
| Exterminez ces fiers guerriers ; | J'arrêterai ces fiers guerriers ; |
| Vengeons notre injure cruelle | En ce jour, d'un sang infidéle |
| Dans le sang de leurs prisonniers. | Puissions-nous teindre nos lauriers ! |

LE GRAND-PRÊTRE, TÉLASCO, PRÊTRES, LES FEMMES DU PEUPLE *dans le plus grand désordre, d'abord dans le lointain.*

Quels cris jusqu'à nous retentissent !...

Grands Dieux! entendez nos accents!

Tous vos enfants périssent!...

Guerriers, remplissez vos serments;

Répétez ces serments terribles.

Devant ce dieu de sang, Mexicains, jurons tous

De nous venger, d'être inflexibles;

Les Espagnols vont tomber sous nos coups.

(*Des soldats mexicains arrivent en foule, et renouvellent, devant l'idole et aux pieds de Montézuma, le serment de vaincre ou mourir pour la patrie.*)

| MONTÉZUMA. | AMAZILY, *au roi*. |
|---|---|
| Quels cris jusqu'à nous retentissent!... | . . . . . . . . . . . . . . . |
| Grands dieux! entendez nos accents!.. | . . . . . . . . . . . . . . . |
| Tous vos enfants périssent! | . . . . . . . . . . . . . . . |
| Amazily, cours remplir tes serments. | Amazily court remplir ses serments. |
| Que de nos ennemis terribles | Oui, de nos ennemis terribles |
| Ta suppliante voix éteigne le courroux! | Ma suppliante voix éteindra le courroux; |
| Ils ne seront point inflexibles; | Ils ne seront point inflexibles; |
| Cours arrêter leurs pas, va suspendre leurs coups. | J'arrêterai leurs pas, je suspendrai leurs coups |

**FIN DU PREMIER ACTE.**

# ACTE SECOND.

———

Le théâtre représente le pavillon impérial élevé dans le camp des Espagnols; par un des côtés entr'ouvert, on découvre le lac et quelques vaisseaux à l'ancre. A droite le trône de Charles V, surmonté du portrait de cet empereur, et recouvert d'une draperie.

# SCÈNE I.

OFFICIERS, SOLDATS ET MARINS ESPAGNOLS, *arrivant sur la scène en désordre, et de différents endroits.*

UN OFFICIER.

Dans un piége fatal on a guidé nos pas !
    Affaiblis par tant de combats,
La victoire a rendu notre perte certaine :
Cortez imprudemment nous conduit au trépas.

UN AUTRE OFFICIER.

Par le nombre accablés, notre espérance est vaine.

UN AUTRE OFFICIER.

Pour sauver Mexico, la cité souveraine,
Vingt peuples, qui n'osaient soutenir nos regards,
A nos sanglantes mains disputent la victoire.

TOUS.

Cet univers nouveau s'arme de toutes parts :

UN OFFICIER.

Attendrons-nous qu'au pied de ces remparts

L'inflexible Cortez nous immole à sa gloire?

CHOEUR.

Quittons, quittons ces bords,
L'Espagne nous rappelle ;
La fortune infidèle
Repousse nos efforts ;
Quittons, quittons ces bords.

# SCÈNE II.

LES MÊMES, FERNAND CORTEZ, MORALÈS.

CORTEZ, *après avoir observé l'agitation qui règne sur la scène.*

Compagnons de Cortez, depuis quand sa présence
Vous fait-elle éprouver ce trouble, cet effroi?....
    Chefs et soldats, vous gardez le silence !
Les timides conseils se taisent devant moi !
Mais quels vœux formez-vous ?... Ces rives fortunées
Se hérissent, dit-on, d'honorables dangers :
Soldats, avez-vous cru que des travaux légers
    Accompliraient vos nobles destinées?

CHOEUR.

Nous redoutons le plus funeste sort ;
Les cruels Mexicains ferment tous les passages :
    Désormais ces tristes rivages
Ne nous présentent plus que les fers ou la mort.

( Ils sortent. )

# SCÈNE III.

### CORTEZ, MORALÈS.

#### MORALÈS.

Ta présence, Cortez, impose à leur audace.
Mais l'esprit de révolte et s'agite et s'étend...
Déja l'or mexicain circule dans ton camp...

#### CORTEZ.

Oui, de tant d'ennemis dont le ciel nous menace,
　　Cet or funeste est le plus grand.

#### MORALÈS.

Vois quel nouveau malheur dans ces lieux nous attend :
Ton frère est prisonnier, l'heure fuit, le temps vole ;
　　J'entends gémir le camp épouvanté :
Qu'opposer aux terreurs dont il est agité ?

#### CORTEZ.

　　La puissance de ma parole,
　　La force de ma volonté.

#### MORALÈS.

D'un autre bruit mon ame est alarmée.
On dit que cette nuit, abandonnant l'armée,
　　Amazily...

#### CORTEZ.

　　　　Je réponds de sa foi,
Jamais tant de vertus... Laisse-nous, je la voi.
　　De la révolte qui s'élève
Surveille les progrès, et reviens près de moi.

　　　　　　　　( *Moralès sort.* )

# SCÈNE IV.

## CORTEZ, AMAZILY.

AMAZILY.

Ton frère vit encor : de l'homicide glaive
J'ai suspendu les coups prêts à tomber sur lui ;
   Montézuma, notre dernier appui,
Voudrait sauver ses jours ; il demande une trêve,
Et ses ambassadeurs vont me suivre en ces lieux.

CORTEZ.

Chaque instant de ta vie est un bienfait des cieux !

AMAZILY.

   Ah ! je frémis d'une crainte nouvelle !
   Déja des prêtres inhumains,
   Du dieu du mal implacables ministres,
Remplissent Mexico de présages sinistres,
Si le sang des captifs ne change les destins.
Montézuma gémit, et redoute leur rage.

CORTEZ.

Il pourrait ordonner ce sacrifice affreux !
   Au ciel il ferait cet outrage ?

AMAZILY.

   Il est faible, il est malheureux ;
Il croit qu'un dieu vengeur le poursuit et l'assiége ;
Il l'a vu sur moi-même exercer son courroux,
Lorsque de ses autels bravant le privilége,
Fille des rois, j'osai d'un temple sacrilège
   Offenser les prêtres jaloux.
   Tu t'en souviens : complice de ta gloire,

Libre par tes premiers bienfaits,
Je vins dans nos remparts annoncer tes succès,
Tes lois, tes arts, ton Dieu, le Dieu de la victoire !
Celui du mal trembla pour son culte odieux :
　J'allais périr ; la mère la plus tendre,
Aux dépens de ses jours, m'arracha de ces lieux....

CORTEZ.

Ah ! je la vengerai, n'ayant pu la défendre....

AMAZILY.

*AIR.*

　Elle n'est plus...! toi seul as su charmer
　De mes regrets la douleur solitaire ;
Je n'ai plus qu'un desir, c'est celui de te plaire ;
Je n'ai plus qu'un besoin , c'est celui de t'aimer.
　　Hélas ! au salut de ton frère
　　Que ne puis-je immoler mes jours !
　　J'ai, pour voler à son secours,
　　L'exemple et le vœu de ma mère....
　Elle n'est plus, etc.

CORTEZ.

Partage mes destins, et bannis tes alarmes :
Alvar vivra ; j'en crois ton amour et mes armes.

# SCÈNE V.

### LES MÊMES, MORALÈS,

#### MORALÈS.

L'envoyé mexicain, par ordre de son roi,
D'une trêve demande à traiter avec toi.
Ce chef est un guerrier, la gloire du Mexique,

Des Ottomis l'intrépide cacique.

AMAZILY.

Mon frère !... Télasco !...

CORTEZ.

Qu'il paraisse à mes yeux.

( *Marche dans le lointain.* )

DUO, *pendant la marche.*

| AMAZILY. | CORTEZ. |
|---|---|
| Quels sons nouveaux frappent ces lieux? | Quels sons nouveaux frappent ces lieux? |
| Est-ce mon frère qui s'avance? | Oui, c'est ton frère qui s'avance : |
| Vient-il former les nœuds | Il vient former les nœuds |
| D'une éternelle alliance? | D'une éternelle alliance. |
| Quels sons nouveaux, etc. | Quels sons nouveaux, etc. |

( *Après ce duo, Amazily quitte la scène. Le rideau qui ferme le pavillon se relève; on découvre le camp tout entier.* )

# SCÈNE VI.

CORTEZ, MORALÈS, SOLDATS ET OFFICIERS ESPAGNOLS, *qui se rangent auprès de Cortez;* TÉLASCO, DEUX AUTRES CACIQUES MEXICAINS ET LEUR SUITE.

( *Entrée des Mexicains.* )

| CHŒUR DE FEMMES MEXICAINES. | CHŒUR DE GUERRIERS ESPAGNOLS. |
|---|---|
| A ces guerriers vainqueurs des mers | Guerriers heureux, vainqueurs des mers, |
| Allons offrir un juste hommage ; | Nous acceptons ce juste hommage ; |
| Remplissons les airs | Remplissons les airs |
| Des chants consacrés au courage | Des chants consacrés au courage. |

CHŒUR DES DEUX NATIONS.

Le repos de la gloire est le prix du courage;

Mais il brave la mort et repousse les fers :

D'une paix sans affronts que ce jour soit le gage;
Qu'elle unisse à jamais l'un et l'autre univers.

TÉLASCO, *à Cortez.*

Guerrier, que l'aveugle fortune
A travers l'Océan conduisit sur nos bords,
. Je l'avouerai, tes desseins, tes efforts
Ne sont point d'une ame commune;
Le souverain qui nous dicte des lois
Honore ta rare vaillance:
Permets que ses bienfaits t'annoncent sa puissance,
Avant que son courroux te parle par ma voix.

CORTEZ.

Je reçois les présents d'un roi que je révère...
Que les jeux suspendent la guerre.

(*Pendant le chœur suivant, les Mexicains de la suite de
Télasco présentent aux Espagnols des palmes, des fleurs,
des fruits imités en or; des tissus en lames d'or, etc.*)

| CHŒUR DES FEMMES MEXICAINES. | CHŒUR DES GUERRIERS ESPAGNOLS. |
|---|---|
| Enfants du dieu de la lumière, | L'astre éclatant de la lumière |
| Qui parmi nous portez vos pas, | A-t-il jamais vu des climats |
| Sur cette rive hospitalière | Que cette rive hospitalière |
| Déposez l'arme des combats: | Par ses trésors n'efface pas? |
| La volupté la plus pure | La volupté la plus pure |
| Habite dans ce séjour; | Habite dans ce séjour; |
| Tous les dons de la nature | Tous les dons de la nature |
| Y sont le prix de l'amour. | Y sont le prix de l'amour. |

TÉLASCO.

Cortez, tu dois enfin connaître
Le dessein qui m'amène et l'ordre de mon maître.
Ton frère est dans nos mains, décide de son sort:
Tu pars, il est sauvé; tu combats, il est mort.
La victoire vous abandonne:
Votre sang a coulé sous nos murs affermis:

Par-tout des peuples ennemis

La vengeance vous environne;

L'asile qui vous reste est le gouffre des eaux :

Et cependant Montézuma m'ordonne

D'offrir un digne prix à vos nobles travaux :

Partez, comblés de ses largesses,

Éloignez de nos mers vos vaisseaux chargés d'or.

Montézuma de ses richesses

Vous ouvre le trésor;

Emportez tous ces biens qu'il prodigue au courage,

Ces biens qui deviendront la source de vos maux;

Mais partez dès ce jour, montez sur vos vaisseaux;

Et quittez pour jamais ce tranquille rivage.

(*Pendant ce discours les soldats de Cortez se sont attroupés autour de Télasco. Ils applaudissent aux offres qu'il leur fait, et se parlent bas, avec l'air de méditer quelque projet.*)

CORTEZ.

Est-ce à moi qu'on adresse un semblable langage?...

TÉLASCO, *d'un ton moins impérieux.*

Du grand Montézuma je t'ai transmis les vœux.

Maintenant de nos jeux,

Dans l'espoir de la paix, je vais t'offrir l'image.

CHŒUR D'ESPAGNOLS, *en sortant.*

Que voulons-nous de plus; après un tel succès,

Que demande Cortez?

Acceptons ses trésors, et quittons ce rivage.

(*Ils sortent.*)

(*Pendant ce chœur, Télasco donne le signal de la fête* ).

MORALÈS, *bas, à Cortez.*

De cet or séducteur vois l'effet dangereux!...

Vois tes soldats...

CORTEZ.

Veille sur eux.

( *Moralès suit les soldats espagnols.* )

( *Ici se déploie la fête mexicaine. Entrée des femmes mexi-*
*càines. Danses et tableaux voluptueux , où l'on aperçoit*
*le projet de séduire les Espagnols.*

*Vers la fin de cette fête , on s'aperçoit du trouble et de l'agi-*
*tation qui règne sur la scène et au-dehors. Quelques offi-*
*ciers de Cortez et de Télasco viennent les avertir de ce*
*qui se passe dans le camp espagnol; et au moment où*
*Cortez veut sortir pour aller rétablir l'ordre parmi ses*
*soldats, ceux-ci s'avancent malgré les efforts de Moralès*
*pour les retenir. Les jeunes filles mexicaines les animent;*
*les soldats espagnols tiennent en main des écharpes, des*
*palmes d'or, etc.* )

# SCÈNE VII.

LES MÊMES, GUERRIERS ESPAGNOLS, MORALÈS, JEUNES
FILLES MEXICAINES.

CHOEUR DE GUERRIERS ESPAGNOLS.

Quittons, quittons ces bords,

L'Espagne nous rappelle;

La fortune infidèle

Repousse nos efforts;

Quittons, quittons ces bords.

CORTEZ, *s'avançant seul au milieu d'eux.*

Quelle indigne terreur vous surprend et vous glace !

Guerriers si fiers de vos premiers travaux,

Vous qui ne demandiez, pour prix de votre audace,
Que de nouveaux périls sous des astres nouveaux,
    Déja votre valeur se lasse !    •
    L'Europe avait sur vous les yeux,
    Un monde était votre conquête ;
    Encore un pas, vos noms victorieux
Du temple de la gloire allaient orner le faîte....

### AIR.

    Trahissez un si beau destin ;
    De l'honneur quittez le chemin ;
N'écoutez plus sa voix qui vous appelle ;
    Couverts d'une honte éternelle,
    Fuyez... les armes à la main !

| CHŒUR DES ESPAGNOLS. | CORTEZ et MORALÈS. |
|---|---|
| Qui ! nous ! trahir l'honneur qui nous appelle ! | N'écoutez plus l'honneur qui vous appelle ; |
| Renoncer au plus beau destin ! | Renoncez au plus beau destin ; |
| Couverts d'une honte éternelle, | Couverts d'une honte éternelle, |
| Fuir de ces lieux..... les armes à la main. | Fuyez, fuyez... les armes à la main ! |

### CORTEZ.

### (*Montrant Moralès.*)

Je reste ici, dût cet ami fidéle
Partager seul ma gloire ou mes revers.

### • MORALÈS.

Oui, tu peux compter sur mon zéle
Je te suivrai, Cortez, au bout de l'univers.

### CHOEUR.

Nous lui disputons tous le courage et le zéle ;
Cortez, nous te suivrons au bout de l'univers.

### CORTEZ.

Vous me l'aviez promis....

CHŒUR.

Nous le jurons encore.

CORTEZ.

J'ai perdu mes soldats.

CHŒUR, *s'inclinant devant Cortez.*

Ils sont à tes genoux.

CORTEZ.

Je devrais les punir.

CHŒUR.

Nul de nous ne t'implore

Que pour suivre tes pas.

CORTEZ.

Compagnons, levez-vous !

Mon cœur vous reconnaît à ce noble langage ;

Oui, nous achéverons notre immortel ouvrage :

Allez, et, défiant vos nombreux ennemis,

Souvenez-vous que mon usage

Est de ne les compter que lorsqu'ils sont soumis.

CHŒUR, *en jetant leurs palmes d'or, et tirant leurs épées.*

Nos cœurs sont enflammés par ce noble langage.

Oui, nous achéverons notre immortel ouvrage ;

Nos bras triompheront de tous nos ennemis.

CORTEZ, *à Moralès.*

Près de Montézuma va remplir mon message.

Va réclamer mon frère et nos amis.

Télasco, dans mon camp, doit rester en otage.

(*bas à un officier.*)

Toi, cours à mes vaisseaux... Tu m'entends, obéis...

( *à Télasco, en montrant ses soldats.* )

Tu le vois, Télasco, tu pensais les séduire;

    Cet or qu'à leurs yeux tu fais luire

    Un moment ébranla leur foi :

Mais l'honneur, parmi nous, parle plus haut que toi.

Je vois tous les dangers que ta bouche m'annonce;

    Télasco, voici ma réponse :

Cette terre est à moi, je ne la quitte plus.

Les conseils menaçants que ta fierté me donne

    Pour m'éloigner sont des vœux superflus.

  ( *Ici l'officier envoyé par Cortez reparaît sur la scène.* )

    Tu dis que la mort m'environne?

Qu'à peine l'Océan m'ouvre encor des chemins?

    Que cette flotte est mon dernier asile?

    Télasco, vois s'il est facile

De m'arrêter par des obstacles vains,

Et si jamais Cortez renonce à ses desseins!

Regarde....

( *La flotte espagnole s'embrase tout-à-coup, quelques vais-*
*seaux font explosion, tous les autres sont engloutis.* )

| CHŒUR DES ESPAGNOLS. | CHŒUR DES MEXICAINS. |
|---|---|
| O ciel! ô courage invincible! | O dieux! ô spectacle terrible! |
| La flamme vole sur les eaux; | La flamme vole sur les eaux; |
| Elle consume nos vaisseaux, | Elle consume leurs vaisseaux, |
| Et la retraite est impossible. | Et leur départ est impossible. |

( *Les Mexicains s'éloignent.* )

CORTEZ, *aux Espagnols.*

Compagnons, devant vous est la ville des rois;

    Par-tout ailleurs c'est un trépas sans gloire.

      La mort ou la victoire,

      Il n'est plus d'autre choix.

| SOLDATS ESPAGNOLS. | CORTEZ. |
|---|---|
| Marchons, suivons les pas d'un guerrier invincible; | Suivez-moi, Castillans; marchez, troupe invincible : |
| Cortez va nous conduire à des succès nouveaux. | Cortez va vous conduire à des succès nouveaux. |
| A son génie il n'est rien d'impossible, | A la valeur il n'est rien d'impossible, |
| Et l'univers appartient aux héros. | Et l'univers appartient aux héros. |

## FIN DU SECOND ACTE.

# ACTE TROISIÈME.

————

Le théâtre représente l'entrée d'un vaste monument qui sert de sépulture aux rois mexicains et à leur famille. Le tombeau de la mère d'Amazily est isolé sur le devant de la scène. A travers les piliers de cette vaste enceinte, qui sert de passage à une partie de l'armée de Cortez, on aperçoit les murs et les tours de la ville de Mexico.

## SCÈNE I.

(*Marche guerrière. Des pelotons de soldats espagnols traversent le fond du théâtre. Télasco arrive vers la fin de la marche.*)

CHOEUR DES ESPAGNOLS, *pendant la marche.*
Pour enflammer notre audace guerrière,
C'est Mexico qui s'offre à nos regards :
Sur ces rochers, impuissante barrière,
Portons l'airain qui brise les remparts.

TÉLASCO.
O jour de nos revers! ô derniers coups du sort!
Déja sur le sommet des monts inaccessibles
S'élèvent à grand bruit ces machines terribles
Qui vomissent au loin l'épouvante et la mort!

*AIR.*
O patrie! ô lieux pleins de charmes!
Ville des rois, séjour des dieux!

Faut-il que ces cruels te remplissent d'alarmes?
Faudra-t-il, accablés par leurs coupables armes,
Abandonner la terre où dorment nos aïeux?

> Ah! plutôt dans ces murs en cendre,
> Périr et venger mon trépas!
> Sur quels bords irai-je descendre,
> Exilé de ces doux climats?
> Dirai-je aux ombres de nos pères:
> Levez-vous, sortez du tombeau,
> Et sur des rives étrangères
> Cherchez un asile nouveau?
> Ah! plutôt, etc.

( *Pendant l'air que chante Télasco, les Espagnols s'éloignent insensiblement, et disparaissent.* )

# SCÈNE II.

## TÉLASCO, AMAZILY, CORTEZ.

CORTEZ.

Moralès a servi ma juste impatience;
> Il rend un frère à mon amour.
> Montézuma, qu'éclaire sa prudence,
De mes guerriers captifs accorde le retour.
L'un d'eux, libre déja, m'en porte la nouvelle;
Et je donne à la paix le reste de ce jour.
Sois libre, Télasco; ton maître te rappelle:
> Tu peux partir, si l'amitié fidèle
> Ne t'arrête à son tour.

TÉLASCO.

Adieu.

AMAZILY.

Quoi! vainement ma tendresse t'implore!
Tu pars, et rien n'a pu désarmer ton courroux?

CORTEZ.

Je retrouve mon frère...

(*Montrant Amazily.*)

Et deviens son époux.
Partage mon bonheur, il en est temps encore.

TÉLASCO.

Non, non. D'Amazily tu peux tromper la foi,
   Tu peux la rendre criminelle;
     A ma haine je suis fidèle,
    Je l'emporte avec moi.

(*Il sort.*)

# SCÈNE III.

## AMAZILY, CORTEZ.

CORTEZ.

De l'amitié noble et touchant modèle,
Étouffe les soupirs qu'elle coûte à ton cœur:
   L'autel est prêt, l'hymen t'appelle;
Ah! confie à l'amour le soin de ton bonheur.

AMAZILY.

*AIR.*

   Arbitre de ma destinée,
Pour les donner, mes jours sont-ils à moi?
   De tes bienfaits environnée,
Amazily ne vit plus que pour toi.
   Cessez de troubler mon ivresse,

Présages vains, funeste souvenir!
    Du présent et de l'avenir
    L'amour répond à ma tendresse.

# SCÈNE IV.

LES MÊMES, MORALÈS, (SOLDATS ESPAGNOLS, ET
FEMMES D'AMAZILY, *d'abord dans l'éloignement, ensuite
sur la scène.*)

CORTEZ, *courant à Moralès.*

Eh bien! Alvar et nos braves amis?...

MORALÈS.

Ne m'interroge pas.

AMAZILY.

D'où vient que je frémis?

CORTEZ.

Je ne vois point mon frère?...
Montézuma trahirait-il sa foi?...

MORALÈS.

Je t'avais annoncé que l'équité du roi
    Rendait Alvar à ma prière :
Télasco reparaît; un peuple téméraire,
Aux forfaits excité, s'élance contre moi,
M'arrache les captifs, et, redoublant d'audace,
Contre le roi lui-même exhale la menace.

    (*Montrant Amazily.*)

Si vous n'êtes remise en leurs barbares mains,
Votre sang doit encore assouvir leur colère.
Le monarque en gémit; des prêtres inhumains
Dictent à son effroi cet arrêt sanguinaire.

CHŒUR, *dans l'éloignement.*

O doux moment! ô sort prospère!
Présage heureux pour ton amour!
Pour couronner un si beau jour,
Cortez, le ciel te rend un frère.

MORALÈS.

De quel bonheur imaginaire
S'enivrent encor tes soldats!

TRIO.

(*sur le devant de la scène.*)

AMAZILY.

Tristes pressentiments, vous ne me trompiez pas...!
Mon sort est décidé.

CORTEZ.

- Quel sinistre langage!
Croistu que ton époux permette ton trépas?

AMAZILY.

Du retour de ton frère, hélas! il est le gage.

CORTEZ.

Alvar s'indignerait d'un échange pareil.

MORALÈS.

Alvar, au lever du soleil,
Va donc périr dans ce temple funeste!

AMAZILY.

Laisse-moi profiter du moment qui me reste,
Pour t'épargner des regrets éternels.

CORTEZ.

Qui? moi! que je te livre à ces sanglants autels!

MORALÈS.

Entends la voix de ton armée.

CORTEZ.

J'écoute l'amour et l'honneur.

AMAZILY.

Des Mexicains je suis aimée ;
Je défendrai mes jours et ton bonheur.

CHŒUR, *au milieu du théâtre.*

O doux moment ! ô sort prospère !
Présage heureux pour ton amour !
Cortez, le ciel te rend un frère,
Pour couronner un si beau jour.

ENSEMBLE.

| CORTEZ, *à part.* | MORALÈS. | AMAZILY, *à part.* |
|---|---|---|
| Cachons le trouble qui me presse Aux yeux du peuple et des soldats. | Le jour pâlit, le péril presse ; Vois ce qu'espèrent tes soldats. | O Dieu ! cachons à sa tendresse Qu'Amazily court au trépas. |

CORTEZ, *interrompant le chœur.*

Guerriers ! l'on vous a fait un récit infidèle ;
Nos compagnons ne nous sont point rendus :
C'est tenir trop long-temps nos glaives suspendus ;
Frappons cette race cruelle.
( *à Moralès.* )
Tu connais mes desseins.

(*aux soldats.*)
Guerriers, suivez mes pas ;
Et que la trompette éclatante,
Enflammant nos hardis soldats,
Dans ces murs frappés d'épouvante
Porte la terreur des combats.

( *Moralès sort avec les soldats.* )

# SCÈNE V.

## CORTEZ, AMAZILY.

### CORTEZ.

Amazily, j'y cours à ce temple homicide!
Ils me verront, ces prêtres inhumains!
Va, ne crains rien du transport qui me guide,
Et la gloire et l'amour veillent sur nos destins.

*DUO.*

| CORTEZ. | AMAZILY. |
|---|---|
| Un instant nous reste; | Un espoir me reste; |
| O ciel que j'atteste! | O ciel que j'atteste! |
| D'un adieu funeste | D'un adieu funeste |
| Dissipe l'effroi. | Dissipe l'effroi. |

*(On entend de loin la trompette qui rappelle les postes avancés.)*

| | |
|---|---|
| L'air au loin résonne, | Grand Dieu! l'airain sonne, |
| Déjà l'airain sonne, | Tout mon cœur frissonne; |
| Et sa voix m'ordonne | Et sa voix m'ordonne |
| De vaincre pour toi.... | De mourir pour toi ... |
| La gloire m'appelle, | La gloire t'appelle, |
| Et l'amour fidéle | Suis sa voix cruelle, |
| Bientôt avec elle | De l'amour fidéle |
| Va t'unir à moi. | Je suivrai la loi. |

*(Cortez sort.)*

# SCÈNE VI.

AMAZILY, FEMMES DE SA SUITE, ET UN DÉTACHEMENT
D'ESPAGNOLS *formant sa garde.*

### AMAZILY.

Moments affreux pour ma patrie !
Pourrai-je la soustraire à son funeste sort?
O ma mère ! ta voix chérie
S'élève jusqu'à moi du séjour de la mort !
A travers ces tombeaux tu m'ouvres une route,
Pour me rendre auprès de mon roi.
Portons nos pas sous cette sombre voûte ;
Par ces chemins secrets, mes amis, suivez-moi.

( *Elle entre avec ses femmes et les soldats dans le monument.*
*Le théâtre change.* )

# SCÈNE VII.

( *Le théâtre représente le vestibule du palais de Montézuma,*
*dans le fond la grande place de Mexico.* )

MONTÉZUMA, CAPTIFS ESPAGNOLS, GARDES, MEXICAINS,
SOLDATS, *armés de flambeaux.*

MONTÉZUMA, *aux soldats armés de torches.*
Embrasez-les, ces murs que je ne puis défendre !
Aux Espagnols vainqueurs livrez la ville en cendre.

ALVAR, *à ses compagnons.*
J'admire un si noble transport.

MONTÉZUMA, *à ses gardes.*

Vous, des captifs brisez les chaînes;
Par des vengeances inhumaines
Je ne changerais pas mon sort.
Castillans, rejoignez vos frères,
Et dites-leur qu'au trône de ses pères
Montézuma sans crainte attend la mort.
(à *Alvar.*)
Tu n'as plus qu'un moment; fuis, Alvar!

ALVAR.

Non, je reste.

Montézuma, tu veillas sur nos jours,
Les tiens sont menacés; en ce moment funeste
Alvar et ses amis te doivent leurs secours.

MONTÉZUMA.

Vous périrez sous ces murailles.

ALVAR.

Nous obtiendrons du moins d'illustres funérailles.

CHŒUR, *en dehors.*

Grace! grace! dieux tout-puissants,
Écoutez nos cris gémissants.

# SCÈNE VIII.

LES MÊMES, TÉLASCO, ET DEUX CHEFS.

TÉLASCO.

Tout est perdu: l'Espagnol, dans sa rage,
Par Cortez animé,
Jusque dans ce palais va porter le ravage.
Moi-même vaincu, désarmé...

MONTÉZUMA.

Rassure ta grande ame,
Nous serons défendus par un rempart de flamme.

TÉLASCO, *aux prisonniers.*

Vous ne jouirez pas du fruit de vos fureurs.

ALVAR.

Vous tomberez vaincus, et nous mourrons vainqueurs.

MONTÉZUMA, *montant sur son trône.*

C'est l'heure d'être roi ; sous les débris du trône,
    Montézuma prêt à périr,
N'a plus à lui que l'exemple qu'il donne,
    Celui de bien mourir.


# SCÈNE IX.

LES MÊMES, AMAZILY, GUERRIERS TLASCALTETTES.

AMAZILY.

Non, vous ne mourrez pas, dissipez vos alarmes.
    A mes pleurs se laissant fléchir,
Cortez a déposé ses triomphantes armes ;
    Et déja de la paix
Sa présence en ces lieux annonce les bienfaits.

CHŒUR D'ESPAGNOLS, *en dehors.*

Triomphe ! victoire !
Mexico tombe sous nos coups.

( *Alvar et les prisonniers volent au-devant de Cortez.* )

# SCÈNE X.

LES MÊMES, **CORTEZ, ALVAR**, SOLDATS, **MORALÈS**, SUITE DE CORTEZ, ET PEUPLE.

ALVAR.

Enfants de la gloire,

Accourez, accourez tous;

Ce monde est à vous,

Et Cortez trouve ici le prix de sa victoire..

(*Entrée triomphante de Cortez et de son état-major à cheval* [1].)

CHOEUR GÉNÉRAL DES ESPAGNOLS *pendant que l'armée défile.*

Triomphe! victoire!

Mexico tombe sous nos coups.

Enfants de la gloire,

Ce monde est à vous.

Dans sa course infinie

Qui peut arrêter le vainqueur?

Qui peut résister au génie

Quand il commande à la valeur?

(*Cortez se jette dans les bras d'Alvar et des prisonniers espagnols.*)

CORTEZ, *à Montézuma.*

Montézuma, pardonne-moi ma gloire;

C'est ta seule amitié que je veux conquérir.

---

[1] Voir les notes anecdotiques

Le plus beau prix de ma victoire,
C'est la paix que je viens t'offrir.

MONTÉZUMA.

Cortez, je cède à ta puissance,
Tant de vertus ont subjugué mon cœur ;

(*en lui présentant la main d'Amazily.*)

Amazily, le prix de la vaillance,
Doit en ce jour désarmer le vainqueur.

AMAZILY, *aux Mexicains.*

Cortez triomphe, ah ! soyez sans alarmes,
La victoire à ses yeux aurait bien peu de charmes
Sans le plaisir de pardonner.

CORTEZ, *à Montézuma.*

Oui, par mes seuls bienfaits je veux vous enchaîner.

(*aux soldats.*)

Soldats, que toute haine à ma voix disparaisse,
Et que dans ce même parvis
Les vainqueurs, les vaincus, dans une douce ivresse,
Par un nœud solennel soient à jamais unis.

CHŒUR GÉNÉRAL.

O jour de gloire et d'espérance !
Tout est changé dans ces remparts ;
Et le temple de la vengeance
Reçoit les plaisirs et les arts.

(*Fête générale des deux nations, dont le sujet principal est
l'union des deux mondes.*)


FIN DU TROISIÈME ACTE.

# NOTES ANECDOTIQUES.

Napoléon était de retour à Paris, après la bataille de Wagram. Habile à diriger l'opinion dans les intérêts de sa gloire, le gouvernement se montrait vigilant sur tout ce qui pouvait donner aux esprits la direction qu'il desirait. On connaissait l'influence des théâtres sur le public assemblé : la politique était entrée sur la scène.

Au moment où l'on allait s'occuper de la mise en scène de Fernand Cortez, le ministre de l'intérieur fit de cette pièce l'objet de son attention particulière. Il me prévint que plusieurs changements étaient indispensables; que le rapport entre les événements historiques et dramatiques devait être indiqué d'une manière plus prononcée et plus directe; en un mot, ma pièce, par décision supérieure, allait devenir ouvrage de circonstance.

C'était m'imposer une condition difficile et un travail bien nouveau pour moi. Heureusement le ministre eut soin de me tirer lui-même de l'embarras où il m'avait mis, en m'invitant à confier à l'un de ses chefs de division le soin des changements demandés. C'était M. Esménard, littérateur distingué, auteur du beau poème de la Navigation et de l'opéra de Trajan, que m'indiquait Son Excellence.

En effet ce collaborateur fit quelques changements notables dans la contexture du drame, et ajouta dans plusieurs scènes des vers dont l'application était facile et la poésie brillante. La pièce fut jouée et honorée de la présence du chef de l'état que désignaient ces vers.

Elle n'était pas alors telle qu'on la représente aujourd'hui. Le rôle de Montézuma, que j'avais repoussé comme

faible et peu dramatique, ne s'y trouvait pas. Celui d'A-
mazily était jeté dans plusieurs événements romanesques,
dont la complication nuisait à la clarté de l'intrigue. La ré-
volte des soldats de Cortez commençait la pièce, et donnait
aux premières scènes une vivacité d'intérêt que les actes
suivants avaient peine à soutenir.

A la reprise, j'ai entièrement refondu la pièce qui gagna,
je crois, en clarté et en intérêt ce qu'elle perdit en vers
pompeux et en fracas de scène. Je crus devoir présenter
d'abord au spectateur une exposition naturelle, et le forcer
de plaindre le sort des prisonniers espagnols, pour affai-
blir ensuite l'odieux de leur victoire.

C'était là le principal écueil de mon sujet. Je l'ai peut-
être évité : je ne me flatte pas de l'avoir franchi. Entre l'in-
térêt qu'inspire la témérité audacieuse des vainqueurs et
celui qui s'attache au malheur des opprimés, l'ame demeure
incertaine et comme suspendue.

Le succès que cette pièce a obtenu dans sa nouveauté,
et le laps de temps qui s'était écoulé jusqu'à la reprise,
m'ont déterminé à y faire des changements qui ont été sug-
gérés dans le cours des représentations par une critique
aussi éclairée que bienveillante.

Trop asservi peut-être à la vérité historique, je n'avais
d'abord montré dans *Amazily* que la maîtresse du conqué-
rant du Mexique; qu'une jeune fille chez qui l'amour avait
éteint le sentiment de la patrie : partagé maintenant entre
ces deux passions qui se combattent sans se détruire, ce
personnage, moins historique, est devenu plus conforme
aux mœurs du théâtre.

En reportant au premier acte les apprêts du sacrifice des
prisonniers espagnols; en rétablissant le personnage du
roi *Montézuma*, qu'on avait paru surpris de ne pas trouver

dans un drame lyrique dont la conquête du Mexique est le sujet, je n'ai fait que reconstruire mon ouvrage sur le premier plan que j'avais d'abord adopté.

Dans les premières représentations de l'ouvrage, on voyait au second acte dix-sept chevaux, personnages historiques, en nombre rigoureusement égal à celui des chevaux qui faisaient partie de l'expédition de Cortez; ils s'avançaient sur le théâtre, au milieu de l'effroi des Mexicains, et des jeux des danseuses. Ce magnifique spectacle, dirigé par les frères Franconi, ne produisit pas tout l'effet que l'on pouvait en attendre. L'orchestre, contrarié par le bruit des pas des chevaux, semblait dissonner à l'oreille; et la dépense était augmentée sans fruit, par la présence de ces comparses de nouveau genre. On les supprima à la dixième représentation: et cette suppression fit assez de tort à l'ouvrage pour qu'il ne fût joué que vingt-quatre fois dans sa nouveauté. A la reprise, et tel qu'on le joue encore, il obtint un succès qui n'a pas été interrompu jusqu'à ce moment.

Dans les ballets du second acte, M. Gardel se plut à prodiguer toutes les richesses de son imagination brillante.

Madame Branchu déploya dans le rôle d'Amazily, qui lui était si favorable à tous égards, ce talent pathétique et cette sensibilité dirigée par une habileté profonde, qui ont marqué sa place au premier rang des actrices qui ont brillé sur ce théâtre.

Lavigne joua d'original le rôle de Fernand Cortez avec beaucoup de chaleur. Nourrit, qui le remplaça, fit oublier son prédécesseur. L'enthousiasme héroïque qu'il imprime à ce rôle est un des plus beaux efforts du talent dramatique.

Les décorations sont l'ouvrage de M. Degotti: on remarqua plus particulièrement, parmi ces brillantes fééries dues à son pinceau, la superbe décoration du temple de Talépultca, imitation embellie, et cependant fidèle, de quelques dessins originaux qui lui furent communiqués par M. de Humboldt.

Une circonstance singulière arrêta et suspendit pendant quelques jours la représentation de cet opéra. Le décorateur avait employé dans ses ornements l'aigle à deux têtes de Charles-Quint: cet aigle avait quelque ressemblance avec l'oiseau royal de Brandebourg; et nous étions alors en guerre avec la Prusse. Il fallut supprimer l'aigle à deux têtes.

# LES BAYADÈRES,

## OPÉRA

## EN TROIS ACTES,

REPRÉSENTÉ POUR LA PREMIÈRE FOIS SUR LE THÉATRE
DE L'ACADÉMIE DE MUSIQUE, LE 7 AOUT 1810.

# PRÉAMBULE HISTORIQUE.

L'histoire n'offre pas de rapprochement plus singulier que celui des bayadères des Indes et des vestales de Rome, et j'ai souvent été surpris que le savant orientaliste William Jones n'en ait pas fait mention dans ses parallèles mythologiques : en effet, un seul point mis à part (lequel éloigne plutôt qu'il ne repousse toute idée de comparaison), les prêtresses du temple de Vesta et les femmes consacrées au service des pagodes indiennes, ont entre elles des traits de ressemblance qui ne peuvent échapper aux esprits les moins attentifs. Dans l'une et l'autre institution, les jeunes filles destinées au culte des autels devaient y être présentées au sortir de l'enfance. Comme les vestales à Rome, les bayadères indiennes étaient environnées de pompe et comblées d'honneurs. Les unes et les autres présidaient aux cérémonies religieuses, aux fêtes publiques, et jouissaient des plus brillantes prérogatives.

À Rome, la direction des vestales appartenait au souverain pontife ; celle des bayadères était confiée au grand-Gouroû, chef des brames.

Il serait facile d'établir ce parallèle sur un bien plus grand nombre de faits ; mais leur développement exigerait une discussion approfondie dont cette notice n'est pas susceptible.

Quoi qu'il en soit, à tant de points de ressemblance on peut opposer un seul contraste qui paraît suffire pour les effacer. Autant la chasteté des vestales était sévère, autant les mœurs des bayadères étaient licencieuses. Sacrifier à l'amour était le devoir des unes et le crime des autres. On eût puni la bayadère pudique avec la même rigueur qui frappait la vestale infidèle à ses serments.

J'ai pu, dans le préambule de la Vestale, donner une idée assez exacte des mœurs de ces vierges pures qui entretenaient à Rome le feu sacré : il serait plus difficile de tracer une image précise des rites que Jagganaut impose à ses prêtresses.

La cérémonie de la consécration des bayadères se fait, dit l'anglais Maurice, avec une magnificence singulière ; certains emblèmes hiéroglyphiques, dont je n'essaierai pas de donner l'idée, sont ornés de fleurs, et portés en triomphe dans le temple de Mahadeo. Par-tout les séductions des sens sont prodiguées ; la fougue des passions est servie et divinisée.

La jeune bayadère fait dans le temple même son éducation licencieuse ; tout ce qui peut faire ressortir sa beauté est mis en usage ; on la pare avec recherche ; les danses les plus voluptueuses, les leçons de la coquetterie, les ressources de la séduction lui sont enseignées par les bayadères qui ont vieilli dans le service du temple.

Elles parviennent ainsi à l'âge où leur beauté doit être le partage du dieu qui les adopte, c'est-à-dire des prêtres qui les élèvent.

Une fois consacrées, elles appartiennent au temple pendant leur vie entière : elles entourent l'autel dans les jours solennels, et répètent leurs hymnes de voluptés. Leurs pieds, chargés de petites sonnettes d'or, combinées de manière à former une harmonie douce et vive, accompagnent les accents de leurs voix. Leurs filles, si elles en ont, deviennent bayaderes à leur tour ; et leurs fils servent les prêtres dans les cérémonies religieuses.

Après avoir ainsi tracé rapidement le tableau des mœurs

des bayadères, soit dans leurs rapports, soit dans leurs contrastes avec celles des vestales; je vais m'occuper du sujet de cet opéra. Je reviendrai bientôt aux bayadères elles-mêmes, et à quelques particularités de leur existence.

La considération dont jouit, dans l'Indoustan, cette classe de femmes connues en Europe sous le nom de Bayadères, repose sur une opinion religieuse, présentée dans les livres indiens comme un fait historique. Le récit très succinct que je vais en faire paraîtra d'autant moins déplacé, qu'on y reconnoîtra la source où j'ai puisé le dénouement et quelques unes des situations du drame que le lecteur a sous les yeux.

On lit dans un des *Pouranas* ( poëmes historiques et sacrés ), que *Schirven*, l'une des trois personnes de la divinité des Indes orientales, habita quelque temps la terre, sous la figure d'un raja célèbre, nommé *Devendren.* En prenant les traits d'un homme, le dieu ne dédaigna pas d'en prendre les passions, et il fit de l'amour la plus douce occupation de sa vie.

Son peuple, dont il n'était pas moins adoré pour ses défauts que pour ses vertus, le sollicitait en vain de donner un successeur à l'empire, en choisissant du moins une [1] épouse légitime, dans le grand nombre de femmes de toutes les classes qu'il avait rassemblées autour de lui. Devendren différait toujours, parcequ'il ne voulait épouser que celle dont il était aimé le plus tendrement, et que, tout dieu qu'il était, il avait peine à lire dans leurs cœurs : à la fin cependant le raja s'avisa, pour éclaircir ses doutes, d'un stratagème qui réussit au-delà de ses espérances. Il feignit de toucher à sa dernière heure, rassembla toutes

---

[1] Les Indiens des castes supérieures peuvent, ainsi que les musulmans, épouser plusieurs femmes.

ses maîtresses autour de son lit de mort, et déclara qu'il prenait pour épouse celle qui l'aimait assez pour n'être pas effrayée de l'obligation terrible qu'elle contracterait en acceptant sa foi. Cette proposition ne tenta personne; le bûcher de la veuve se montrait trop voisin du trône et du lit conjugal : douze cents femmes gardaient un silence imperturbable, lorsqu'une jeune bayadère, dont le raja avait été quelque temps épris, instruite de son état et de sa proposition, se présenta au milieu de l'assemblée muette, s'approcha du lit du prince, et déclara qu'elle était prête à payer de sa vie l'insigne faveur de porter un seul moment le nom de son épouse. On célébra leur hymen à l'instant même, et quelques heures après Devendren mourut ou du moins feignit de mourir. Fidèle à sa promesse, la bayadère fit aussitôt les apprêts de sa mort. On éleva, par son ordre, un bûcher de bois odorant, sur les bords du Gange; elle y plaça le corps de son époux, l'alluma de sa propre main, et s'élança dans les flammes : mais au même instant le feu s'éteignit; Schirven, debout sur le bûcher, tenant entre ses bras sa fidèle épouse, se fit connaître au peuple, et publia sur la terre l'hymen qu'il accomplit dans les cieux. Avant de quitter le séjour des mortels, il voulut, pour y perpétuer le souvenir de son amour et de sa reconnaissance, qu'à l'avenir les bayadères fussent attachées au service de ses autels, que leur profession fût honorée, et qu'elles portassent le nom de *Dévadassis* ( favorites de la divinité).

A ce nom indien de *Dévadassis, Dévalialès,* les Français ont substitué celui de bayadères, par corruption du mot *Balladéiras* ( danseuses), que les Portugais employèrent pour désigner cette classe nombreuse de jeunes filles consacrées tout à-la-fois au culte des dieux et de la volupté.

La profession de bayadère est une prérogative de la caste

des artisans, dite *des cinq marteaux*; mais ce privilége n'est pas tellement exclusif, que les castes supérieures ne puissent y participer. La jeune fille que ses parents destinent au service des pagodes doit être présentée au *Gourou* (brame supérieur) avant l'âge nubile; la beauté est une condition indispensable, qu'aucune considération de naissance et de fortune ne peut remplacer. Après un noviciat de quelques mois, et des cérémonies trop étrangères à nos mœurs pour en faire mention, la jeune initiée est marquée, au-dessous du sein gauche, du sceau du temple, où elle doit rester quinze ans, et dont, après ce temps-là même, elle ne peut sortir que pour contracter un mariage légitime. Aussi-tôt après sa réception, on la remet aux mains des brames et des maîtres de danse et de musique chargés de son instruction.

Les historiens et les voyageurs ont très diversement parlé des bayadères; exaltées par les uns, elles ont été jugées très rigoureusement par les autres. Où les premiers ont vu des femmes d'une beauté ravissante, entourées de tous les prestiges du luxe et des talents, les autres n'ont remarqué que des courtisanes plus ou moins jolies, qui dansent dans les fêtes publiques et particulières pour quelques pièces d'argent, et chez lesquelles rien ne justifie l'enthousiasme de leurs admirateurs. Quelque différence qu'il y ait entre ces deux peintures du même objet, l'une et l'autre sont également fidèles, mais elles n'ont pas été prises du même point de vue. On concevra très aisément que deux Indiens voyageant en France, dont l'un ne serait pas sorti du petit port de mer où il serait débarqué, tandis que l'autre aurait passé quelques mois à Paris; on concevra, dis-je, que ces voyageurs, de retour dans leur patrie, écrivant sur l'état actuel de nos théâtres, sur les talents de nos actrices, sur la considération dont elles jouissent, parleront des mêmes objets en termes tout-à-fait différents, sans pourtant blesser en rien la vérité : telle est la source des récits, en apparence contradictoires, dont les baya-dères ont été l'objet. Les voyageurs qui n'ont été à portée de les voir que dans les établissements européens de la côte de Coromandel, trouveront qu'on a beaucoup exagéré leur éloge ; ceux au contraire qui ont visité les riches pa-godes de Jagrenat, de Chalambrun, de Sonna-Sindi, qui ont remonté le Gange jusqu'à Bénarès, se plaindront le plus souvent de ne pouvoir donner à leurs portraits qu'une bien faible partie des charmes de leurs modèles.

La danse des bayadères est presque toute pantomime ; elle consiste en mouvements mesurés du corps, des bras, de la tête, et des yeux : leurs divertissements, dont l'idée principale est toujours la même, présentent trois situa-tions, ou du moins trois intentions distinctes. La première indique, de la part des personnages, une sorte d'irrésolu-tion, d'inquiétude vague qui se manisfeste par le passage continuel du repos à l'agitation, du bruit au silence ; dans la seconde, qui a pour objet de peindre les ardeurs du désir, les transports de l'amour, on peut adresser aux bayadères un reproche que méritent rarement nos actrices, celui de se pénétrer trop profondément de leur rôle, et d'arriver par l'imitation trop près de la nature. La troisième partie est un ballet très court, sur un mouvement qui va toujours en augmentant de vitesse, et qui se termine par une espéce de bacchanale. Leurs pas se bornent à un trépignement de pieds que la mesure accélère ou ralentit : le charme de leur danse est tout entier dans les molles inflexions de leur corps élégant et flexible, dans la grace et la variété des at-titudes, dans l'expression délicieuse de leurs yeux à demi

fermés, et dans la beauté remarquable dont elles sont gé-
néralement pourvues.

Les bayadères chantent et dansent au son de quelques
instruments particuliers, dont les principaux sont le *man-
gassaran* (sorte de hautbois); le *tal,* qui diffère peu de nos
cymbales, et le *matalan* (tambourin, dont le diamètre est
de moitié plus grand au centre qu'aux extrémités). Leur
chant, comme celui de tous les Orientaux, est monotone
et mélancolique; il ne procède guère que par demi-tons;
les accompagnements sont durs et bizarres, et presque
tous les airs finissent par une gamme chromatique et des-
cendante.

Les bayadères jouissent de priviléges honorifiques, qu'en
tout autre pays on aurait de la peine à concilier avec l'irré-
gularité de leurs mœurs : dans quelques contrées de l'In-
doustan, et notamment dans le Bengale, le brame supérieur
et les *dévadassis* peuvent seuls s'approcher du prince et
s'asseoir en sa présence; dans les cérémonies publiques
elles occupent les premières places, et les insultes qu'elles
peuvent recevoir sont punies aussi sévèrement que celles
qui s'adresseraient aux brames eux-mêmes. Comme ces der-
niers, les bayadères ne se nourrissent que de végétaux, et
sont astreintes de nuit et de jour à des prières, à des ablu-
tions dont rien ne peut les dispenser.

Tous les temples entretiennent, suivant leur richesse, un
nombre plus ou moins considérable de bayadères; les plus
grands, tels que ceux de *Jagrenat* et de *Chalambrun,* en
ont jusqu'à 150, qui ne se distinguent pas moins par leur
beauté que par l'extrême richesse de leur parure. Les bijoux,
les pierres précieuses, dont elles sont couvertes, appar-
tiennent à la pagode; elles ne doivent les porter que dans
les cérémonies religieuses; mais les brames les autorisent

à en faire usage lorsqu'elles sont appelées chez les princes indiens, ou même auprès des gens riches qui peuvent mettre un prix à cette faveur. Dans les cérémonies religieuses, elles dansent devant les images des dieux que l'on promène, et chantent des hymnes sacrées en leur honneur ; elles figurent aussi dans les réjouissances publiques, où elles ont coutume d'exécuter un pas militaire, dans lequel ces jeunes filles font preuve d'une adresse extrême à manier les armes.

En terminant cette notice je me bornerai à dire que j'ai recueilli les détails de ce drame lyrique sur les lieux mêmes où j'en ai placé l'action.

# PERSONNAGES.

| | |
|---|---|
| DEMALY, raja de Bénarès. | MM. NOURRIT. |
| OLKAR, général des Marattes. | DÉRIVIS. |
| RUSTAN, intendant du harem. | LAFEUILLADE. |
| NARSÉA, grand brame. | BONEL. |
| RUTREM, ministre du raja. | ÉLOY. |
| SALEM, confident d'Olkar. | PRÉVOT. |
| HYDERAM, brame. | BONEL. |
| LAMÉA, principale bayadère. | Mᵐᵉ BRANCHU. |
| IXORA, | REMI. |
| DIVANÉ, } favorites. | MÉNARD. |
| DÉVÉDA, | LEBRUN. |
| | Mˡˡᵉˢ GALLET. |
| TROIS BAYADÈRES. | MÉNARD. |
| | LEBRUN. |

BAYADÈRES.
BRAMES-CHORÈGES.
MARATTES.
INDIENS.
SUITE DU RAJA.
SUITE D'OLKAR.

La scène est à Bénarès, ville sur le Gange, réputée sainte
par les Indiens.

Au premier acte, dans l'intérieur du harem ou zénana.
Au second, sur la place publique de Bénarès.
Et au troisième, dans l'intérieur du palais du raja.

# LES BAYADÈRES,

## OPÉRA.

## ACTE PREMIER.

—

Le théâtre représente la *varangue*, espéce de salon du *zé-nana* ( logement des femmes ). Cette salle est formée, dans sa partie inférieure, de portiques ouverts qui laissent voir les jardins au milieu desquels le *zénana* est placé. Une galerie circulaire et praticable règne au-dessus des por-tiques, et conduit aux appartements, dont les portes s'ouvrent sur cette galerie.

Au lever du rideau, les femmes sont distribuées, les unes sur la gâlerie, où elles vont et viennent pour le service des favorites, les autres dans la *varangue*, où elles s'occu-pent de leur toilette devant des glaces que des esclaves leur présentent; d'autres dansent, jouent de la lyre, etc.

Les trois favorites sont assises sur des carreaux: on brûle devant elles des parfums; et des jeunes filles, nommées *Masseuses*, rafraîchissent l'air avec de grands éventails de plumes d'oiseaux.

## SCÈNE I.

### RUSTAN, IXORA, DIVANÉ, DÉVÉDA,
#### FEMMES, ESCLAVES.

RUSTAN.

Charme des yeux, trésor de grace et de pudeur,

Vous que le ciel créa pour aimer et pour plaire,
Exercez aujourd'hui ce pouvoir enchanteur;
Redoublez vos efforts, et méritez le cœur
Du jeune souverain que le Gange révère.
L'illustre Demaly, décernant à l'amour
    Un prix dont votre ame est jalouse,
Parmi tant de beautés qui peuplent ce séjour,
    Va choisir sa première épouse.

          LES FAVORITES ( *à part.* )
    Sans doute, c'est à moi
    Qu'il va donner sa foi.
               ( *Rustan s'éloigne.* )

          CHOEUR GÉNÉRAL.
Pour plaire, enchaînons sur nos traces
Les Talents et la Volupté;
L'Amour donne souvent aux Graces
Le prix qu'il ôte à la Beauté.

          CORYPHÉE ( *chantant.* )
Les doux accents d'une maîtresse
Dans le cœur éveillent l'amour;
Celle qui chante son ivresse
L'inspire bientôt à son tour.

          CORYPHÉE ( *chantant et dansant.* )
    Nymphe légère,
    Voulez-vous plaire?
    Enlacez vos bras,
    Cadencez vos pas;
    Qu'en vous tout respire
    Un joyeux délire;
    Avec les amours
    Voltigez toujours.

CHOEUR GÉNÉRAL.

Pour plaire, enchaînons, etc.

TRIO.

IXORA, DIVANÉ, DÉVÉDA.

*Ensemble ( chacune à part. )*

D'une juste espérance
Sans trop d'orgueil, je pense,
Je pourrais me flatter;
D'une lutte inégale
En voyant ma rivale
Qu'aurais-je à redouter?

IXORA ( *regardant Divané.* )

Sa taille est sans noblesse.

DIVANÉ ( *regardant Ixora.* )

Ses yeux ne disent rien.

DÉVÉDA ( *regardant Divané.* )

Un souris sans finesse!

ENSEMBLE.

L'air gauche, sans maintien!

IXORA ( *regardant Divané.* )

De l'art de la coquetterie
Elle épuise en vain les trésors.

DÉVÉDA.

De la timide modestie
Divané n'a que les dehors.

DIVANÉ.

Pour trouver Ixora jolie
Je fais d'inutiles efforts.

IXORA.

Un ministre puissant s'intéresse à ma flamme.

DIVANÉ.

J'ai pour appui le grand brame.

DÉVÉDA.

Sur elles je dois l'emporter.

ENSEMBLE

D'une juste espérance
Sans trop d'orgueil, je pense,
J'ai droit de me flatter;
Je connais ma rivale,
Une lutte inégale
N'est pas à redouter.

# SCÈNE II.

LES MÊMES, DEMALY, RUSTAN.

RUSTAN.

Du raja dans ces lieux j'annonce la présence.

( *Les favorites se lèvent, les esclaves se prosternent.* )

CHOEUR.

L'amour et la reconnaissance
Remplissent nos cœurs satisfaits ;
D'un maître chéri la présence
Est le premier de ses bienfaits.

DEMALY.

A vos empressements un devoir nécessaire
Quelques moments encor m'oblige à me soustraire :
De Brama remplissant les lois,
De l'hymen aujourd'hui je dois serrer la chaîne ;
Le cœur se décide avec peine
Quand tout ce qui l'entoure est digne de son choix.
Pour fixer de mes vœux la douce incertitude

J'ai besoin de solitude;

Allez... je rends justice à tous vos sentiments.

( *Les femmes en sortant reprennent le chœur :* )

L'amour et la reconnaissance, etc.

# SCÈNE III.

## DEMALY, RUSTAN.

( *On voit les femmes passer sur la galerie supérieure et rentrer dans leurs appartements. Deux esclaves noirs restent en sentinelle aux deux extrémités de la galerie.* )

### DEMALY.

Quel état, quels tourments !

Quoi ! toujours se contraindre !

Dévorer ses douleurs et ne pouvoir se plaindre !

### RUSTAN.

Faites grace, seigneur, à mon zèle indiscret;

Vous nourrissez quelque chagrin secret?

### DEMALY.

Hélas !

### RUSTAN.

Vous commandez, et le pouvoir suprême

Fait naître autour de vous les plaisirs et les jeux;

Chéri de vos sujets, que vous rendez heureux...

### DEMALY.

Je ne puis l'être moi-même.

Esclave au milieu des grandeurs,

Au joug des voluptés mon ame est assservie;

Mais n'est-il pas de plus nobles ardeurs?

Dois-je laisser couler ma vie

Dans l'insipidité de ces molles langueurs?

Olkar, ce guerrier téméraire,
Du Maratte insolent le chef audacieux,
Au sein de mes états ose porter la guerre.

RUSTAN.

Le grand brame a promis la victoire à vos vœux.

DEMALY.

Je pourrais la devoir à mes efforts heureux...
Mais je veux achever de rompre le silence,
Et soulever le poids dont je suis oppressé.

    Apprends qu'un amour insensé,
Dont ma raison gémit, dont mon orgueil s'offense,
A subjugué mon cœur et vaincu ma puissance.

RUSTAN.

Quel est donc cet objet?...

DEMALY.

           Le chef-d'œuvre des cieux,
De graces, de talents le plus rare assemblage!
Ce qui charme l'esprit, ce qui séduit les yeux,
    Elle a tout en partage.

RUSTAN.

Qui peut vous arrêter?

DEMALY.

           Un obstacle odieux;
Cet objet que mon cœur préfère,
Voué par le plaisir au culte de nos dieux...

RUSTAN ( *riant.* )

Quoi! seigneur, une bayadère!

DEMALY.

J'adore Laméa.

RUSTAN.

Quand tout rit à vos vœux,

*AIR.*

Pourquoi cette tristesse?
Êtes-vous amoureux?
Cédez à votre ivresse,
  Soyez heureux.
Exercez ce pouvoir suprême
  Dont vous êtes armé;
Ordonnez qu'on vous aime ,
  Et vous serez aimé.

DEMALY.

Combien tu connais peu l'amour et sa puissance!

RUSTAN.

Je jouis sans orgueil de mon indépendance.

DEMALY.

Conçois-tu mes tourments?
Par le plus doux lien mon ame est enchaînée,
Et dans ce même jour, aux autels d'hyménée
J'oserais prononcer de parjures serments!...

RUSTAN.

L'heure de votre hymen par les dieux est fixée,
Et du jour qui nous luit la lumière éclipsée
Est le terme prescrit à vos engagements.

DEMALY.

Ah! pourquoi Laméa, si fidéle et si tendre...?

RUSTAN.

Nos lois parlent, seigneur, elles régnent sur vous;
  A vous nommer son époux,
Celle que vous aimez ne peut jamais prétendre.

DEMALY.

Je vois tous les écueils où je vais m'engager;
Mais de l'amour j'apprends à braver un danger

Que la raison me fait connaître,
Et de mon sort enfin je veux rester le maître.

RUSTAN.

Seigneur, en consacrant un semblable lien,
Pouvez-vous espérer...

DEMALY.

Non, je n'espère rien.

RUSTAN.

Contre cet hymen sacrilége
Nos brames s'armeront de leur saint privilége.

DEMALY.

Je le sais trop.

( *Sur un signe du raja, Rustan s'éloigne.* )

Allons... je subirai mon sort;
Que Laméa s'éloigne... ô douloureuse image!
Je le sens, ce pénible effort
Est au-dessus de mon courage.

*AIR.*

Viens, Laméa: de toi quand je suis séparé,
Mon cœur éteint languit sans espérance;
Ah! viens charmer par ta présence
Tous les ennuis dont je suis dévoré.

RUSTAN ( *s'approche.* )

Dans le parvis sacré qu'assiége un peuple immense,
Tes ministres, seigneur,
De ta présence auguste attendent la faveur.

DEMALY.

Qu'ils soient admis en ma présence.

( *Rustan sort.* )

Je ne sais quelle défiance,

Quel trouble font naître en mon cœur,
Ces ministres, soutiens de ma vaste puissance!

# SCÈNE IV.

### DEMALY, NARSÉA, RUTREM.

**DEMALY.**

Sage Rutrem, et vous, sublime Narséa,
    Des ordres de Brama
    Souverain interprète,
    Éclairez mon ame inquiète;
Le signal de la guerre alarme mes états;
    Aux rivages sacrés du Gange
Olkar ose guider la terrible phalange
Des brigands destructeurs qui marchent sur ses pas;
    La foudre gronde sur nos têtes;
    Devons-nous, songeant à des fêtes,
Mêler les chants d'hymen aux clameurs des combats?

**NARSÉA.**

Qui peut vous inspirer ce doute téméraire?
Les dieux ont commandé, le prince délibère !...

**RUTREM.**

    Tous ces flots de vils ennemis
Sont indignes, seigneur, d'exciter vos alarmes.
Vous les verrez bientôt, dispersés et soumis,
Attester en tombant la gloire de vos armes.

**DEMALY.**

Dès long-temps ma jeunesse à vos soins généreux
Confia le bonheur de ce peuple que j'aime;
Vous partagez le poids de ma grandeur suprême,

Et vos conseils toujours ont dirigé mes vœux :
Mais dans ce jour enfin un sinistre présage...

NARSÉA.

Wisnou lui-même en a prescrit l'usage.

RUTREM.

La fête est préparée, et le peuple l'attend.

NARSÉA.

Vous ne pouvez en différer l'instant.

RUTREM.

Des prêtres et des grands la troupe auguste et sainte,
Des filles de Brama le cortége charmant,
Déja de tous côtés inondent cette enceinte.

DEMALY, *à part.*

Je vais la voir !... doux et cruel moment !

# SCÈNE V.

LES MÊMES, GRANDS DE L'EMPIRE, **BRAMES**, CHEFS DES
GUERRIERS, **BAYADÈRES**, ESCLAVES, etc., etc.

( *Les Brames et les officiers du palais se rangent du côté
du trône; les grands de l'empire et les guerriers vis-à-vis :
les soldats et le peuple se montrent au fond sous les por-
tiques qui s'ouvrent à ce moment; en même temps on
voit paraître sur la galerie supérieure les favorites et les
femmes du Raja, qui assistent à la fête derrière des
stores de gaze qui les dérobent en partie aux yeux des
spectateurs.* )

CHŒUR GÉNÉRAL.

Prosternez-vous, grands de la terre,

Devant l'auguste Demaly :
Il lance, il retient le tonnerre;
Il donne la paix ou la guerre;
De son nom le monde est rempli.
Prosternez-vous grands de la terre,
Devant l'auguste Demaly.

DEMALY, *à part.*

Viens, Laméa, mon cœur t'appelle.

RUTREM.

Du sein des plaisirs et des jeux
Gouvernez vos peuples heureux,
Et reposez-vous sur mon zèle.

NARSÉA.

Comptez sur la faveur des dieux;
A vos étendards glorieux
La victoire sera fidèle.

DEMALY, *à part.*

A quoi me forcez-vous, grands dieux!
Dois-je prononcer à ses yeux
L'affreux serment d'être infidèle?

RUTREM.

Que vos jours fortunés
S'écoulent sans orages.

NARSÉA.

Des mortels prosternés
Recevez les hommages.

**ENSEMBLE.**

RUTREM.

Du sein des plaisirs et des jeux
Gouvernez vos peuples heureux,
Et reposez-vous sur mon zéle.

NARSÉA.

Comptez sur la faveur des dieux;
A vos étendards glorieux
La victoire sera fidèle.

DEMALY, *à part.*

A quoi me forcez-vous, grands dieux!
Comment prononcer à ses yeux
L'affreux serment d'être infidèle?

CHŒUR.

Prosternez-vous, etc.

## BAYADÈRES.

(*Elles entrent et défilent devant le prince au son des instru-*
*ments des jongleurs qui accompagnent le chœur suivant,*
*sur l'air duquel une partie des Bayadères forme des*
*pas.*)

Des plaisirs source féconde,
L'amour, souverain du monde,
Habite ces lieux enchantés;
Accourez, troupe fidèle,
Accourez, sa voix vous appelle
Dans le séjour des voluptés.

DEMALY, *à part.*

C'est elle... je la vois, ô bonheur !... ô souffrance !

LAMÉA, *à part.*

Mon faible cœur ne peut soutenir sa présence.

RUTREM, *bas à Narséa, en observant le prince.*

Il soupire, il semble agité !

Dans mon cœur quel soupçon s'éveille !

NARSÉA, *bas à Rutrem.*

Dans les plaisirs son cœur sommeille.

RUTREM, *à Narséa.*

Au flambeau de la vérité

  Craignons qu'il ne s'éveille.

NARSÉA.

Étouffons sa triste clarté.

DEMALY, *à Laméa.*

Je te vois, mon ame contente

Oublie en ce moment ses mortelles douleurs.

LAMÉA.

Pourquoi me cherchez-vous? Cette fête brillante

N'avait pas besoin de mes pleurs.

NARSÉA.

Prince, avant le retour de la première aurore,

  Du triple dieu que Bénarès adore

Nous devons accomplir les immortels décrets ;

Les temples sont ouverts, et les autels sont prêts.

Wisnou, Brama, Schirven [1] à tes vœux sont propices,

Que la fête d'hymen s'ouvre sous leurs auspices.

  Dans vos concerts harmonieux,

      Par vos danses légères,

  Célébrez, jeunes Bayadères,

  La volupté, fille et reine des cieux.

( *Le Raja va prendre sa place sur un divan, près de l'avant scène à droite : Narséa et Rutrem se placent à ses côtés;* )

----

[1] Les trois divinités principales de la mythologie indienne.

de très jeunes esclaves des deux sexes occupent les gradins
inférieurs. Pendant la ritournelle, les Bayadères se
groupent d'une manière pittoresque autour des trois
jeunes filles qui se détachent pour chanter l'hymne sui-
vant, que leurs musiciens accompagnent sur les instru-
ments du pays. Laméa, séparée, paraît absorbée dans la
douleur et l'inquiétude.)

### HYMNE.

#### TROIS BAYADÈRES.

Dourga [1], des lieux où tu reposes,
Préside à nos tendres concerts;
Que la douce vapeur des roses
Embaume et colore les airs!
Féconde déesse,
De ton ardeur enchanteresse,
Viens nous animer:
Pour célébrer le maître qu'on adore,
Tendres fleurs, hâtez-vous d'éclore,
Belles, hâtez-vous d'aimer.

LAMÉA, *sortant de la rêverie profonde où elle était restée
ensevelie pendant l'hymne et la danse qui le suit.*

(à part.)
Dieux, vous me l'ordonnez, je romprai le silence.
(*Dès que Laméa prend la parole, les danses cessent, les
Bayadères l'entourent avec déférence.*)

(haut.)
Tandis que tous les cœurs s'enivrent d'espérance,
Que du bonheur qui fuit on chante les apprêts...

---

[1] Dourga ou Bavani, déesse de la volupté; on l'invoque sous ce dernier
nom, comme déesse de la persévérance.

Dans un chemin de fleurs le repentir s'avance,
Et bientôt les plaisirs feront place aux regrets.
    Mes sœurs, quelles noires tempêtes
      Interrompent vos fêtes!
    Quels coups ébranlent ce palais?

AIR.

    Voyez-vous du haut des montagnes
    Accourir ces enfants du nord?
    Au sein de nos belles campagnes
    Ils portent le fer et la mort.
    Dans cette fatale journée,
    Des chants d'amour et d'hyménée
    Suspendez les molles douceurs;
      Aux accents de la gloire
      Réveillez la victoire,
De sa flamme sacrée embrasez les grands cœurs.

CHŒUR DU PEUPLE ET DES BAYADÈRES.

    Aux accents de la gloire
    Réveillons, etc.

DEMALY.

Quels transports!

NARSÉA, interrompant le chœur.

        Laméa réprimez tant d'audace :
Sans mêler à vos jeux la crainte et la menace,
Célébrez de l'hymen les paisibles faveurs.
    (au Raja.)
    Toi, prince, avant que ton ordre suprême
Fasse connaître ici l'épouse de ton choix,
    Obéissant à nos antiques lois,
Tu dois du grand Wisnou ceindre le diadème.
A ce don merveilleux, à ce trésor divin,

Les dieux ont de l'empire attaché le destin :
   Tu connais seul l'asile inviolable
      Où, loin de tous les yeux,
     Dans un secret impénétrable,
Tes mains ont renfermé ce dépôt précieux,
Un moment aux regards dérobe ta présence,
Et le front rayonnant du céleste bandeau,
Reviens, d'un peuple heureux remplissant l'espérance,
     D'hymen allumer le flambeau.

(*Il donne la main au Raja, qui descend lentement, fait
    quelques pas vers Laméa, et s'arrête près d'elle.*)

DEMALY.

Prêtres, peuple, écoutez : d'un amour invincible
   J'ai voulu cacher les transports ;
   Son ascendant irrésistible
   L'emporte sur tous mes efforts.
Connaissez donc l'objet du choix que je vais faire ;
Sachez... Quel bruit !...

# SCÈNE VI.

LES MÊMES, UN CHEF INDIEN.

(*On entend les cris du peuple.*)

NARSÉA.

    Le peuple accourt de toutes part,
L'OFFICIER. (*Il parle à genoux.*)

Raja, j'ose affronter tes sublimes regards :
Des Marattes vainqueurs la horde sanguinaire
Jusqu'au pied de ces murs ose porter la guerre,

Et leur audace impie assiége nos remparts.

DEMALY.

Juste ciel, la foudre m'éclaire !

(*à Narséa et à Rutrem.*)

Vous me trompiez, cruels !

NARSÉA, *sortant.*

Au dieu du sanctuaire

Je cours sur nos malheurs interroger les dieux.

RUTREM.

Daignez, seigneur...

DEMALY,

Perfide ! ôte-toi de mes yeux.

(*Rutrem sort.*)

LAMÉA.

N'attends que de toi seul un conseil glorieux.

(*Elle lui remet une arme, et reprend, avec les Bayadères
et le Raja, le chœur :*)

> Aux accents de la gloire
> Réveillons la victoire ;
> De sa flamme sacrée embrasons les grands cœurs.

LE RAJA.

> Aux accents de la gloire
> Réveillons la victoire ;
> Qu'elle enflamme nos cœurs
> De ses nobles ardeurs !

ENSEMBLE.

FIN DU PREMIER ACTE.

# ACTE SECOND.

—

Le théâtre représente le bois sacré qui entoure la grande pagode de Bénarès; on voit à droite nn arc de triomphe qui conduit à la place publique.

## SCÈNE I.

### LAMÉA, CHEFS INDIENS.

#### LAMÉA.

La fortune a servi la cause des pervers,
Le Maratte est vainqueur, le prince est dans les fers;
Mais nous vivons encore!
Par vous, par vos serments mon cœur est rassuré;
Je renais à l'espoir; et le ciel que j'implore
Peut rendre à mon amour un monarque adoré.

#### LE CHOEUR.

Nous sommes prêts à le défendre,
Et prêts à tout braver;
Parle; pour le sauver
Que faut-il entreprendre?

#### LAMÉA.

Olkar auprès de lui m'ordonne de me rendre;
J'ai pénétré son cœur;
Il médite une autre conquête:
Et moi, du farouche vainqueur

Je prépare la fête !

Vous y serez !... Un voile heureux

Va de nos ennemis tromper la vigilance;

Et si le sort jaloux ne trahit ma prudence

Du sein même des jeux

Nous saurons, dès ce jour, évoquer la vengeance.

CHOEUR. ( *On entend les chants des Marattes.* )

Écoutez ces cris odieux ;

Fuyons, c'est Olkar qui s'avance ;

Du vainqueur évitons les yeux ;

Dans l'ombre et le silence

Cachons encor nos pas mystérieux.

( *Ils sortent.* )

# SCÈNE II.

## OLKAR, SALEM, GUERRIERS MARATTES.

### CHOEUR.

Victoire, victoire à nos armes !

L'effroi, la mort suit en tous lieux nos pas ,

Tout cède à l'effort de nos bras;

Remplissons l'univers de terreur et d'alarmes.

### OLKAR.

Bénarès est soumise, et nos hardis exploits

Font retentir le nom maratte

Des plaines d'Orixa jusqu'aux mers de Suratte,

Le Gange tout entier va couler sous nos lois :

Du Raja, quelque temps, l'inutile courage

Du combat entre nous balança l'avantage.

Mais qui peut arrêter les compagnons d'Olkar?

( *à un chef.* )

Rassemble nos guerriers au pied de ce rempart.

( *à un autre chef.*

On dit que des vaincus une armée affaiblie

Dans les champs d'Ellabad en ce jour se rallie :

Sur eux tu vas marcher.

( à un troisième. )

Toi, vaillant Iranès,

Fais par la crainte ici régner l'ordre et la paix...

( *à tous.* ).

Sortez.

( Les chefs et les soldats sortent. )

# SCÈNE III.

## OLKAR, SALEM.

### SALEM.

Quel étrange langage!

Qui peut donc retarder le signal du pillage?

### OLKAR.

Pour le brave Salem je n'ai point de secrets.

Le bandeau de Wisnou, que l'univers envie,

Que ne sauraient payer les trésors de l'Asie,

Est aux mains du Raja, que je tiens dans mes fers.

Indomptable dans ses revers,

En vain par l'effroi du supplice

J'ai voulu le forcer à livrer ce trésor,

Dont je me priverais en lui donnant la mort.

Il échappe à la force, employons l'artifice.

J'ai su qu'une jeune beauté

Dont on vante par-tout la grace enchanteresse,
De son maître en secret gouvernait la faiblesse;
D'elle seule je puis savoir la vérité;
Mes ordres sont donnés bientôt en ma présence...

SALEM.

Je la vois.

OLKAR.

Laisse-nous.

(*Salem sort.*)

# SCÈNE IV.

### LAMÉA, OLKAR.

LAMÉA, *à part.*

O divine espérance,
Tu souris au projet que l'amour m'inspira.

OLKAR.

Ciel, que d'attraits!... approche, Laméa.
Je connais tes alarmes;
Tu plains un amant malheureux,
Et je le plains moi-même en contemplant tes charmes.
Mais puisque la victoire a rejeté ses vœux;
C'est à moi d'essuyer tes larmes.

AIR.

Bannis à jamais de ton cœur
Un souvenir qui m'offense;
Je suis maître, je suis vainqueur,
Tu dois être ma récompense.
La fortune, en brisant tes nœuds,
Vient t'offrir des chaînes plus belles;

Et ce n'est qu'aux gnerriers heureux
Que l'amour doit des maîtresses fidèles.

### LAMÉA.

Le sort a soumis à ton bras
Le Gange et sa rive féconde,
Brama lui-même te seconde,
Ses filles avec moi voleront sur tes pas.
Mais, ô puissant Olkar! écoute ma prière,
Et d'un prince à qui je fus chère
Daigne me confier quel doit être le sort.

### OLKAR.

La loi sanglante de la guerre
A prononcé sa mort.
Tu frémis... Au trépas tu pourrais le soustraire.

### LAMÉA.

Qui? moi? je puis... parle, que faut-il faire?

### OLKAR.

Me prêter ton secours;
User de ton pouvoir sur un prince qui t'aime,
Et remettre en mes mains le sacré diadème;
A ce prix tu sauves ses jours.

### LAMÉA.

J'en réponds sur les miens; ordonne à l'instant même...

### OLKAR.

Tu vas le voir. Qu'il cède à mon ordre suprême;
Je lui laisse la vie et lui rends ses états;
Mais tu n'as qu'un moment.

### LAMÉA.

Je ne le perdrai pas.

(*Olkar sort.*)

# SCÈNE V.

### LAMÉA, *seule.*

Devoir, courage, amour, sur vous je me repose.

*AIR.*

Sans détourner les yeux
Des vains périls où je m'expose,
Marchons vers le but glorieux
Que mon cœur se propose.
Cher Demaly, dans tes revers,
Je goûte ce bonheur extrême
De pouvoir me dire à moi-même :
Seule aujourd'hui, dans l'univers,
Je veille sur ce que j'aime.

# SCÈNE VI.

### LAMÉA, DEMALY; GARDES, *au fond.*

#### DEMALY, *enchaîné.*

Est-ce toi, Laméa?

#### LAMÉA.

Contenez-vous, seigneur.

#### DEMALY.

Hélas! au comble du malheur,
A ce bienfait pouvais-je encor prétendre?

#### LAMÉA.

Consolez-vous, vivez, songez à nous défendre.

DEMALY.

Ne vois-tu pas ces fers?

LAMÉA.

Raja, les moments sont chers,
Écoute, et daigne m'entendre.
La fortune veut t'épargner
D'un pénible délai la lenteur trop cruelle;
La victoire ou la mort t'appelle;
Il faut aujourd'hui même ou périr ou régner.

DEMALY.

Je mourrai sans regrets si ton cœur est fidèle.

LAMÉA.

L'avide Olkar demande
Pour prix de ta rançon le bandeau de nos rois.

DEMALY.

Tu m'oses conseiller ma honte qu'il commande?

LAMÉA.

Plutôt mourir cent fois!
Je n'embrasse pour toi qu'une noble espérance.
Des guerriers d'Ellabad la cohorte s'avance;
J'ai rassemblé des amis généreux,
Et déja pour servir leur maître malheureux,
Ils s'arment en secret et marchent en silence;
Tandis que, pour tromper nos insolents vainqueurs,
Mes compagnes d'intelligence
S'empressent à couvrir de fleurs
Le piége où le plaisir conduira l'imprudence.

DEMALY.

DUO.

Courbé sous le poids du malheur,
Tous les maux assiégent ma vie;

Mais les dieux m'ont laissé ton cœur,
Je suis encor digne d'envie.

LAMÉA.

A la fortune, à ses rigueurs,
Votre ame n'est pas asservie;
Soyez plus grand que vos malheurs!
Les dieux veillent sur votre vie.
Je saurai pénétrer par de secrets détours
Jusqu'à votre prison funeste.

DEMALY.

Au nom de nos dieux, que j'atteste,
N'expose pas tes jours.

LAMÉA.

Ne songez qu'à la gloire.

DEMALY.

Je veux la mériter.

LAMÉA.

Qui sait adorer la victoire
Est bien près de la remporter.
La fortune souvent a couronné l'audace.

DEMALY.

Ah! comment échapper au coup qui nous menace?

LAMÉA.

Quels revers plus cruels pouvez-vous redouter?

DEMALY.

Tes seuls périls ébranlent mon courage.

LAMÉA.

Avec toi quand je les partage,
Ils ne sauraient m'épouvanter.

ENSEMBLE.

Ne songeons qu'à la gloire,

Il faut la mériter, etc., etc.

LAMÉA.

On vient... adieu, seigneur... soyez prêt.

SALEM, *aux gardes.*

Qu'on l'emméne.

# SCÈNE VII.

## LAMÉA, OLKAR, SALEM.

OLKAR.

Tu l'as vu, cède-t-il à ma loi souveraine?

LAMÉA.

Olkar, j'ai pénétré ce secret important.

OLKAR.

Que tardons-nous?

LAMÉA.

Voici l'instant.

Près des murs du palais, non loin de cette enceinte,
Au fond d'une pagode, un réduit ignoré
 Renferme le dépôt sacré :
Le peuple en frémissant de la retraite sainte
 Verrait profaner la splendeur.
Du pillage du temple épargne-lui l'horreur [1].
 Tandis qu'au sein d'une brillante fête,
Les vainqueurs, les vaincus, s'assemblent sous tes yeux,
Je saurai, profitant d'un moment précieux,
Apporter à tes pieds ta superbe conquête.

(*Elle sort.*)

---

[1] On m'a fait observer que ce vers se trouvait tout entier dans ATHALIE; mais quelque simple que soit l'idée qu'il renferme, et par cela même peut-être, il m'a été impossible de le refaire autrement.

# SCÈNE VIII.

## SALEM, OLKAR.

**SALEM.**

Olkar, pour nos guerriers, de tant d'appas épris,
 Je crains ces jeunes Bayadères ;
L'essaim des voluptés suit leurs traces légères :
 Mais de leurs faveurs mensongères
La honte et les remords sont trop souvent le prix.
  ( *On entend la marche du cortège.* )

**OLKAR.**

 Bannis de frivoles alarmes.

**SALEM.**

Je redoute en ces lieux quelques complots obscurs.
 Notre armée hors des murs...

**OLKAR.**

Les vaincus ont des fers, et nous avons des armes.
     ( *Ils sortent.* )

( *Le théâtre change, et représente la place publique de Bénarès ; le Gange coule dans le fond, et sur l'autre bord, dans le lointain, on aperçoit une partie du camp des Marattes.* )

# SCÈNE IX.

CHEFS INDIENS, *déguisés en jongleurs*, CHEFS MARATTES,
SOLDATS, PEUPLE, ESCLAVES, BAYADÈRES.

( *Olkar et Salem entrent après le premier chœur.* )

### CHŒUR DES MARATTES.

Fuyez devant nous,
Tombez à genoux,
Peuples de la terre ;
Les fils de la guerre
Marchent contre vous.
A la foudre terrible,
Au torrent invincible,
Sans opposer d'effort,
Sous le fer homicide
Baissez un front timide,
Subissez votre sort.

( *Pendant le chœur, les Marattes exécutent des évolutions
militaires, et Olkar entre suivi du cortége des guerriers,
qui traînent après eux les Indiens esclaves. La musique
change d'expression, et la mélodie la plus voluptueuse
annonce l'entrée des Bayadères.* )

( *Laméa et la première des Bayadères du chœur de la danse
sont portées dans un palanquin découvert, où elles se
tiennent debout, les bras enlacés. Elles sont escortées par
le chœur général des Bayadères, des Brames chorèges,
des jongleurs, et des musiciens.* )

CHŒUR DES BAYADÈRES, *en marche.*

Aimable enchanteresse,
Des cœurs heureuse ivresse,
Par nous régnez sans cesse,
Divine Volupté.
Sur tout ce qui respire
Étendez votre empire;
Dispensez d'un sourire
L'amour et la gaieté.

OLKAR, *à Laméa.*

Souviens-toi de ta promesse.

LAMÉA.

Olkar, je tiendrai ma promesse,
J'en atteste l'Amour.

OLKAR, *à Laméa.*

Quelle voix enchanteresse !
Ah! Laméa, jusqu'à ce jour,
Des plaisirs j'ai connu l'ivresse,
Je te vois, je connais l'amour.

LAMÉA.

De ses dons la gloire avare
Aux plaisirs qu'elle prépare
Mêle trop souvent des pleurs;
Avec nous si l'on s'égare,
C'est toujours parmi les fleurs.

LES BAYADÈRES.

De ses dons la gloire avare
Aux plaisirs, etc.

( *Pendant toute cette scène, les chants et les danses sont
presque toujours unis.* )

GUERRIERS, *à part*.

Quels transports, quelle ardeur nouvelle,
S'allument dans nos cœurs !

LAMÉA, *à part aux Bayadères*.

Redoublez d'ardeur et de zèle,
Soumettez vos vainqueurs.

SALEM, *aux Marattes*.

Étouffez cette ardeur nouvelle
Indigne de vos cœurs.

(*Danses des Bayadères ; elles se mêlent aux Marattes :
tandis que les unes exécutent autour d'eux les danses les
plus voluptueuses, d'autres brûlent des parfums ; d'autres
sur le dernier plan leur versent dans des coupes d'or des
liqueurs enivrantes : la musique, la danse, les chants,
les parfums, les breuvages, tout est mis en usage pour
séduire les compagnons d'Olkar, qui partage bientôt le
délire de ses guerriers.*)

BAYADÈRES.

De la vieillesse et de l'envie
N'écoutez pas les vains discours,
Songez que la plus longue vie
Se compose de quelques jours.

SALEM, *à Olkar*.

Olkar, que ton cœur se défie :
Tout m'alarme dans leurs discours.

LAMÉA, OLKAR.

En vain la vieillesse et l'envie
Voudraient effrayer les amours.

LAMÉA, *à part à un officier indien, déguisé en jongleur*.

Séparons-les de leurs cohortes,

De la ville à l'instant que l'on ferme les portes.

(*L'officier sort.*)

LAMÉA, *à Olkar et aux Marattes.*

Quand les desirs,

Quand les soupirs

Annoncent de nos cœurs les ardeurs mutuelles,

Déposez ces armes cruelles

Dont s'effarouchent les plaisirs.

(*Elle désarme Olkar.*)

(*Les Bayadères imitent Laméa et désarment les Marattes.*)

LES BAYADÈRES.

Dans nos mains ces armes cruelles

N'effarouchent pas les plaisirs.

(*Elles dansent un pas militaire avec les armes des Marattes,
qu'elles remettent aux mains des jongleurs, qui s'enfuient
sans être aperçus.*)

SALEM, *refusant de se laisser désarmer.*

Conservez ces armes fidèles,

Craignez l'amorce des plaisirs.

OLKAR, *à Laméa.*

Je ne puis résister aux transports de mon ame.

LAMÉA, *à part à un officier indien.*

Voici l'instant : du haut des pagodes en flamme,

A nos vengeurs qu'on donne le signal.

SALEM.

J'entrevois un complot fatal.

Je vais...

(*Les Bayadères l'arrêtent en dansant.*)

LAMÉA, *à Olkar.*

Ordonne à Salem de me suivre.

A l'instant je te livre
Un trésor que la gloire arrache à ton rival.

OLKAR, transporté.

Il en est un plus doux auquel j'ose prétendre,
(*à Salem.*)

Accompagne ses pas.

(*aux siens.*)

Qu'à ses ordres chacun s'empresse de se rendre.

SALEM.

Mais, seigneur...

OLKAR.

Obéis, et ne réplique pas.

(*Laméa sort avec Salem et tous les Indiens déguisés; les
danses continuent et prennent un caractère de tumulte
et d'ivresse auquel se mêle l'inquiétude que témoignent
les danseuses pour les événements du dehors. La princi-
pale Bayadère de la danse veille sur tous les mouvements
d'Olkar.*)

MARATTES.

Par une vaine résistance
Cessez d'enflammer notre ardeur;
Il est un terme où l'espérance
Est un supplice pour le cœur.

BAYADÈRES.

(*On entend un bruit de guerre, que les Bayadères s'effor-
cent de couvrir par leurs chants.*)

Loin de nous cette folle gloire
De combattre, de résister :
Pourquoi disputer la victoire!
Nous craignons de la remporter.

OLKAR.

Quel bruit se fait entendre?

LES BAYADÈRES.

Loin de nous, etc.

OLKAR.

Des feux ont embrasé les airs!

(*Pendant cette scène le jour s'est éteint peu-à-peu; on aper-çoit des signaux de feux sur le haut des pagodes.*)

OFFICIER MARATTE, *accourant.*

Olkar, on cherche à nous surprendre;
Du prince on a brisé les fers.

(*Les Bayadères s'enfuient emportant les armes des Ma-rattes.*)

OLKAR.

Des armes!...

# SCÈNE X.

## OLKAR, IRANÈS, MARATTES.

IRANÈS.

D'Ellabad les troupes fugitives,
Du Gange franchissant les rives,
Vers notre camp surpris s'avancent à grands pas;
Et Demaly, que rien n'arrête,
Déja quitte ces murs pour voler à leur tête.

OLKAR, *avec fureur.*

Venez...

MARATTES.

Comment échapper au trépas?
Entendez-vous ces cris de rage?
Un peuple entier nous ferme le passage.

OLKAR, *aux Marattes.*

Rassemblez-vous autour de moi;
Servez la fureur qui me guide;
Ne craignez rien d'une foule timide;
Mon seul regard les glacera d'effroi.
Courons, amis : notre courage
Saura se frayer un passage;
Nos ennemis disparaîtront.
Ces murs, défendus par des femmes,
Dans un moment s'écrouleront.
Olkar; dans Bénarès en flammes,
Jure de venger son affront.

CHOEUR DES MARATTES.

Courons, amis, etc.

(*Ils s'élancent à travers les Indiens, qui s'avancent pour leur fermer le passage.*)

FIN DU SECOND ACTE.

# ACTE TROISIÈME.

—

Le théâtre représente une des salles du palais.

## SCÈNE I.

### DEMALY, chefs indiens, LAMÉA, RUSTAN.

#### CHOEUR GÉNÉRAL.

Gloire au héros! gloire éternelle
Au meilleur, au plus grand des rois;
L'éclat des plus brillants exploits
Orne sa couronne immortelle!
Gloire au héros! gloire éternelle
Au meilleur, au plus grand des rois.

#### DEMALY.

A mes armes les dieux ont donné l'avantage;
Olkar est mort; vaincus, épouvantés,
Ces Marattes si redoutés
De leur présence impure ont purgé ce rivage;
Mais d'un triomphe inattendu
Qui raffermit l'état et ma puissance,
Vous savez tous à qui l'honneur est dû,
Et vous saurez bientôt quelle est sa récompense.

#### LE CHOEUR, *en sortant.*

Gloire au héros, etc.

# SCÈNE II.

## DEMALY, LAMÉA, RUSTAN.

#### DEMALY.

Demeurez, Laméa.

#### RUSTAN.

Seigneur, dans Bénarès
On dit, ah! pardonnez à mes soins inquiets, ·
On dit que blessé vous-même...

#### LAMÉA.

Il se pourrait!... Grands dieux!...

#### DEMALY.

Calmez ce trouble extrêm
Et pour des maux plus grands réservez vos regrets.
(*à Rustan.*)
De ces lieux un moment qu'on défende l'entrée.

(*Rustan sort.*)

# SCÈNE III.

## DEMALY, LAMÉA.

#### DEMALY.

Pour la dernière fois de mon ame enivrée
Je dévoile à tes yeux les sentiments secrets.
Laméa, quand toi seule as sauvé cet empire,
Quand tu me rends le jour, par toi quand je respire,
Tu m'opposes en vain et nos mœurs et nos lois
Je veux te consacrer ces jours que je te dois.

Des serments que l'amour m'inspire,
Je veux que l'hymen...

LAMÉA.

Non, seigneur,
Je ne puis accepter cette insigne faveur;
Non, votre gloire m'est trop chère,
A tous les biens je la préfère;
L'amour qui l'inspira ne doit pas la flétrir.

DEMALY.

A tous ces vains détours cesse de recourir :
Laméa, tu trahis des serments que j'atteste;
Je vois de quelle ardeur ton cœur est animé :
Tu sauvas par orgueil des jours que je déteste;
Non, tu ne m'as jamais aimé.

LAMÉA.

D'un reproche cruel que l'amour apprécie,
N'exige pas que je me justifie.

AIR.

Le sort peut changer ses décrets,
Mais non le cœur de ta maîtresse;
Crois-moi, tu ne sauras jamais
Pour toi jusqu'où va ma tendresse;
Cet amour dont je m'enivrais
Cède à la raison qui l'emporte;
Mais en refusant tes bienfaits,
Je t'en donne aujourd'hui la preuve la plus forte.
Le sort peut changer, etc.

DEMALY.

Pourquoi donc prononcer mon malheur et le tien?
Époux d'une Bayadère,
Le dieu que le Gange révère,

Wisnou, forma lui-même un semblable lien.

### LAMÉA.

Cet exemple divin ne saurait nous atteindre;
Les dieux qui font les lois peuvent seuls les enfreindre.

### DUO.

Le sort m'en fait la loi,
Pour toi je ne peux vivre.

### DEMALY.

Cruelle, laisse-moi
Cet espoir qui m'enivre;
Cède, cède à mes vœux.

### LAMÉA.

Du devoir rigoureux
C'est la loi qu'il faut suivre,
Elle a brisé nos nœuds.

### ENSEMBLE.

| LAMÉA. | DEMALY. |
|---|---|
| L'amour forme des vœux | Je n'en crois pas ces vœux, |
| Que la gloire dédaigne; | Que mon amour dédaigne; |
| Il alluma nos feux; | Je ne puis être heureux |
| Que l'honneur les éteigne. | Sans toi, par qui je règne. |

### LAMÉA.

De Laméa garde le souvenir.

### DEMALY.

Ah! de mon cœur quel dieu pourrait bannir
Un si doux souvenir?
Par cet amour, seul besoin de mon ame,
Consens à remplir mes souhaits.

### LAMÉA.

Ce pur amour qui m'anime et m'enflamme
Ne peut accepter tes bienfaits.

ENSEMBLE.

| LAMÉA, *à part.* | DEMALY, *à part.* |
|---|---|
| Grands dieux ! dans mon ame atten-<br>drie | Grands dieux! de son ame atten-<br>drie |
| Soutenez cette noble ardeur ; | Détruisez la funeste erreur ; |
| Et des biens que je sacrifie | Et des biens qu'elle sacrifie |
| Dérobez l'image à mon cœur | Retracez l'image à son cœur. |

LAMÉA.

Adieu cher Demaly,

Adieu mon maître ;

Pour t'aimer, te servir, le ciel m'avait fait naître ;

Mon sort désormais est rempli.

(*Elle sort.*)

# SCÈNE IV.

## DEMALY, RUSTAN.

DEMALY.

Elle fuit... non, cruelle,

De ta bouche rebelle

Mon cœur ne reçoit pas les funestes adieux.

RUSTAN.

Les femmes du harem vont paraître à tes yeux...

Mais que vois-je, seigneur !... une pâleur mortelle...

Se pourrait-il?... ta blessure cruelle...

DEMALY.

Suis-moi...

RUSTAN, *aux femmes.*

Demeurez en ces lieux.

# SCÈNE V.

IXORA, DIVANÉ, DÉVÉDA, ESCLAVES.

IXORA.

Ainsi dans la même journée
Il est captif, il est vainqueur.

DIVANÉ.

La victoire a paré l'autel de l'hyménée.

DÉVÉDA.

L'une de nous est destinée
A partager tant de grandeur.

IXORA.

L'éclat du rang suprême
Ne séduit pas mon cœur.

DIVANÉ.

C'est Demaly que j'aime,
Et non pas sa grandeur.

DÉVÉDA.

Si l'amour le plus tendre
Doit seul régler nos droits,
Seule je dois prétendre
A l'honneur de son choix.

IXORA, DIVANÉ.

C'est à moi de prétendre
A l'honneur de son choix.

# SCÈNE VI.

LES MÉMES, RUSTAN.

RUSTAN.

Jour de deuil et de larmes !

LES FAVORITES.

D'où naissent tes alarmes ?

RUSTAN.

Au milieu des combats,

Atteint d'une fléche perfide,

Dont le venin caché recelait le trépas,

D'Olkar le vainqueur intrépide

S'avance vers la tombe ouverte sous ses pas.

LES FAVORITES.

Malheureuses !

RUSTAN.

Déja dans la ville alarmée

L'affreuse nouvelle est semée,

Et le peuple en tumulte inonde le palais.

LES FAVORITES.

Qu'allons-nous devenir ?

# SCÈNE VII.

LES MÉMES, PEUPLE, BRAMES.

CHŒUR GÉNÉRAL.

Victoire infortunée,

Monuments d'éternels regrets !

La mort dans cette journée
Change nos lauriers en cyprès.

LE BRAME HYDERAM

De l'éternelle destinée
Le décret n'est pas accompli ;
Ce jour que voit encor l'illustre Demaly
Dut éclairer son hyménée ;
S'il expirait sans remplir ce devoir,
Le dieu du Gange, à l'heure solennelle,
Fermerait à ses pas la demeure éternelle.

( *aux femmes.* )

C'est en vous qu'il met son espoir.
Le Raja, par ma voix, accepte pour épouse
Celle de qui l'ardeur, bravant la mort jalouse
Qui l'enlève à nos vœux,
Viendra s'unir à lui par le plus saint des nœuds.

RUSTAN.

Du sein de ces brasiers funestes,
Que le souffle des dieux alluma parmi nous,
La jeune épouse, unie à son époux,
Le rejoint pour jamais aux demeures célestes.

LE BRAME HYDERAM, *aux femmes.*

Consultez votre cœur,
Hâtez-vous, le temps presse,
Nommez celle dont la tendresse
Mérite mieux cet immortel honneur.

(*Après un moment de silence, Laméa entre avec les
Bayadères.*)

LE BRAME, à *Dévéda.*

Amante sensible et fidèle,
Vous à qui Demaly fut cher,

C'est vous que l'amour appelle
A partager son trône et son bûcher.

(*Après un long silence, Laméa prend la parole.*)

LAMÉA, *aux favorites.*

Du doute où je vous vois souffrez qu'on vous délivre;
Il en est temps, je dois parler,
Au moment de cesser de vivre;
Mon secret m'appartient, je puis le révéler.
J'adore Demaly, c'est à moi de le suivre.
Jalouses d'un destin si beau,
Ne me ravissez pas un bonheur que j'envie.
Cher amant, je n'ai pu te consacrer ma vie,
Je suis digne du moins de te suivre au tombeau.

CHOEUR.

Honneur à l'amante fidèle,
Gloire à la tendre Laméa!

LE BRAME.

De ta promesse solennelle
Ose prendre à témoin Brama.

LAMÉA.

De ma promesse solennelle
J'atteste l'immortel Brama.

LE BRAME.

Près des bords où le Gange épanche une eau lustrale,
Mes mains vont préparer la fête nuptiale.

( *Il sort.* )

# SCÈNE VIII.

## LAMÉA, LES BAYADÈRES.

### UNE BAYADÈRE.

Nous admirons ce généreux effort,
Mais nous plaignons ta jeunesse et tes charmes.
Pouvons-nous, sans verser des larmes,
Songer que ton hymen est l'arrêt de ta mort?

### LAMÉA.

Pleurez, pleurez, mais chantez ma victoire,
C'est le triomphe de l'amour.

### CHOEUR.

Une immortelle gloire
S'attache à ta mémoire,
Et consacre ce jour :
Pleurons, pleurons, etc.

### LAMÉA.
### AIR.

Cher Demaly, pour toi puisqu'il faut que je meure,
Je bénis mon heureux trépas;
C'est à moi de guider tes pas
Dans l'éternelle demeure.
Sans frémir je vois s'approcher
Le moment où, quittant la vie,
Ma main par l'amour affermie
Va du flambeau d'hymen embraser mon bûcher.

# SCÈNE IX.

LES MÊMES, LES BRAMES.

**LE BRAME HYDERAM.**

Le prince, à son heure dernière,
Bénissant de l'amour les généreux efforts,
A voulu près du Gange achever sa carrière :
L'autel et le bûcher t'attendent sur ces bords.

**LAMÉA.**

J'y cours.

**CHŒUR DES BAYADÈRES, *en sortant*.**

Pleurons, pleurons, mais chantons sa victoire.

# SCÈNE X.

(*Le théâtre change et représente un vaste bûcher sur les
bords du Gange ; au sommet du bûcher décoré de tous les
insignes de la souveraineté, s'élève une espèce de pavil-
lon où le corps du Raja est censé déposé derrière un ri-
deau de pourpre.*)

BRAMES, GUERRIERS, PEUPLE, JEUNES FILLES,
MUSICIENS, TAM-TAMS.

**CHŒUR GÉNÉRAL.**

Honneur à l'amante fidèle,
Gloire à la tendre Laméa !
La mort d'une chaîne éternelle
L'unit à l'amant qu'elle aima.

*(Entrée de Laméa, suivie d'un cortège de Brames et de Bayadères.)*

HYDERAM, *à Laméa.*

Reine, sur la rive fatale,
Tu dois à tes derniers moments
Déposer ces vains ornements,
Et couronner ton front de la fleur nuptiale.

*(Cérémonie. Laméa distribue ses bijoux à ses compagnes; elle s'agenouille devant le chef des Brames qui lui met le diadème sur la tête, et lui présente le poignard de diamant et les marques de la royauté: cette première cérémonie terminée, le Brame des funérailles lui met en main la fleur rouge, symbole du sacrifice des veuves indiennes, etc.)*

CHOEUR, *pendant la cérémonie.*

Grands dieux qui récompensez
Tant d'amour et de courage!
C'est nous que vous punissez
En détruisant votre ouvrage.

LAMÉA.

Enfin, je vois naître le jour
Où, sans offenser ce que j'aime,
Je puis, au sein de la mort même,
Avouer mon amour.

CHOEUR.

O tendresse! ô courage extrême!
C'est dans les bras de la mort même
Qu'elle invoque l'amour.

HYDERAM.

Tout est prêt.

(*Laméa monte sur le bûcher, le Brame lui remet un flam-
beau allumé.*)

**LAMÉA.**

Oui, j'entends Demaly qui m'appelle,
Et ma bouche fidèle
Ose enfin, quand je vais mourir,
Le nommer mon époux à mon dernier soupir.

(*En achevant ces mots Laméa met le feu au bûcher: la
flamme court sur une ligne horizontale et allume les qua-
tre autels qui forment les coins du bûcher. Au même mo-
ment elle se précipite sous le voile du pavillon, où l'on
voit le Raja sur son trône.*)

# SCÈNE XI.

LES MÊMES, DEMALY, GUERRIERS, etc.

**DEMALY,** *du haut du trône.*

J'ai reçu tes serments.

**LAMÉA.**

C'est Demaly !

**DEMALY.**

Moi-même.

**LE CHOEUR.**

O puissance suprême !
Quel dieu te rend à notre amour ?

**DEMALY,** *s'avance.*

Celle qui dans ce jour
Sauva son prince et sa patrie,
A qui je dois l'honneur, la victoire et la vie,
Dont le cœur généreux, en acceptant ma foi,

Ne céda qu'à l'espoir de mourir avec moi.

CHOEUR GÉNÉRAL.

Règne sur notre auguste maître ;
Tes vertus, tes attraits, sont dignes de son cœur ;
    Laméa, le ciel te fit naître
    Pour la gloire et pour le bonheur.

LAMÉA.

De mon obscurité profonde,
Je n'ose envisager tes généreux desseins.

DEMALY.

    En te plaçant sur le trône du moude,
    Je te rendrais à tes nobles destins.

CHŒUR.

    Règne sur notre auguste maître ;
Tes vertus, etc.

DEMALY.

Conservons de ce jour la mémoire sacrée ;
Il nous comble de joie, il remplit nos souhaits ;
    Et dans le don d'une épouse adorée
Les dieux ont réuni pour moi tous leurs bienfaits.

BAYADÈRES.

    De nos alarmes fugitives
    Éteignons les vains souvenirs ;
      Rappelons sur ces rives
    Les jeux, les amours, les plaisirs.

CHŒUR, *du peuple*.

    De l'heureuse alliance
    Des vertus et de la puissance
    Que tous les cœurs soient satisfaits ;
    Et que le bonheur des sujets
    Du prince soit la récompense.

BRAMES, *au prince et à Laméa.*

Par un auguste hymen consacrez ce grand jour.

FEMMES.

Soyez de l'univers et l'honneur et l'amour.

CHŒUR GÉNÉRAL.

De nos alarmes fugitives
Éteignons les vains souvenirs;
Rappelons sur ces rives
Les jeux, les amours, les plaisirs.

( *La pièce se termine par un fête indienne, dont l'objet prin-*
*cipal est le mariage de Demaly et de Laméa.* )

FIN DU TROISIÈME ACTE.

# NOTES ANECDOTIQUES.

Introduire les *Bayadères* à l'Opéra, c'était, pour ainsi dire, les rendre à leur patrie. Ces prestiges de la volupté, ce culte de la beauté et de l'amour, la danse devenue partie constituante et principale de l'action dramatique, au lieu de s'y trouver jetée comme accessoire et souvent comme hors-d'œuvre : tout, dans ce poëme, entrait dans les convenances du théâtre auquel je l'avais destiné.

Le talent supérieur de M. Catel se joignit à ces éléments de succès, et contribua puissamment à la réussite des *Bayadères*, embellies de tout le charme de sa musique : la grace et la pureté des accompagnements, la suavité des airs, la propriété du récitatif, la grandeur de l'ensemble, sont les caractères principaux d'une composition dans laquelle les savants remarquèrent de nouvelles combinaisons d'harmonie. On a remarqué que cet opéra français est le premier où se trouve un de ces vastes morceaux d'ensemble dont la scène italienne offre depuis long-temps des modèles.

Aux premières représentations de cet opéra, le costume des bayadères avait été suivi avec la plus scrupuleuse fidélité. Une jeune dame de Chandernagor, qui se trouvait alors à Paris, avait apporté des Indes une parure complète de bayadères ; elle eut l'extrême complaisance d'en revêtir une de ses femmes, qui servit de modèle au dessinateur de l'opéra : telle était à cet égard la vérité de l'imitation, qu'il eût été difficile à un Indien même de trouver quelque différence entre les bayadères du Gange et celles de l'Opéra.

Le rôle d'Olkar, chef des Marattes, est un de ceux où M. Dérivis s'est montré avec le plus d'avantage comme chanteur et comme comédien.

On ne saurait donner trop d'éloges aux décorations de cet opéra, exécutées par M. Isabey avec tout le charme et toute la grace qui distingue cet ingénieux artiste. Il eût été difficile de rendre avec une fidélité plus complète le paysage, l'architecture, et jusqu'aux moindres ornements qui caractérisent les localités de la ville sacrée de Bénarès.

L'imagination si fraîche et si brillante de M. Gardel avait à s'exercer sur un sujet où la danse constituait en quelque sorte l'action du drame; il y trouva le motif d'un ballet charmant, dans le second acte. Le pas du schall, si ridiculement prodigué depuis, y fut employé avec beaucoup de goût; mais en général les divertissements de l'opéra des *Bayadères* laissèrent à desirer plus de variété et plus de charme, à ceux que le rare talent de M. Gardel avait peut-être rendus trop exigeants.

Une anecdote relative à l'opéra des *Bayadères* raméne encore ici le nom d'un homme inséparable des plus grands événements comme des plus petites circonstances d'une époque qu'il semble remplir tout entière. On sait que Napoléon, aux oreilles duquel le bruit du canon et de la chute des empires avait si souvent retenti, n'aimait, en fait de musique ordinaire, qu'une harmonie faible et monotone : au théâtre et dans les concerts des Tuileries, tous les instruments étaient pourvus de sourdine. Ce goût du *pianissimo* était sans doute bien singulier chez l'homme du monde qui faisait le plus de fracas, et qui le redoutait le moins; cependant on s'empressait de le satisfaire. Quelques courtisans avaient dit à l'Empereur que la musique des *Bayadères* était excessivement bruyante; jamais reproche ne fut plus mal fondé; mais il n'en motiva pas moins l'ordre que reçut le chef d'orchestre d'exécuter l'opéra des bayadères *à la sour-*

*dine*, le jour où l'Empereur fit savoir qu'il assisterait à la représentation de cet opéra. Il fut servi à souhait : on exécuta la belle musique de M. Catel avec la plus parfaite monotonie; sans nuance, sans *crescendo* ni *forte;* on prit un soin tout particulier d'éteindre les effets, les oppositions; au point que le compositeur qui n'avait pas été prévenu du tour officiel qu'on lui jouait, eut peine à reconnaître sa partition. Le public étonné de ne rien entendre cria plusieurs fois à l'orchestre, *plus haut! plus haut!* et si le succès de la pièce n'eût point été assuré par les dix représentations précédentes, il est probable que la cabale des sourdines eût fait tomber la pièce.

Le même sujet qui m'a fourni le fond d'un grand opéra, a donné au Voltaire du Nord, à l'universel Gœthe, l'idée de la romance délicieuse, intitulée *la Bayadère*, espèce d'élégie lyrique, fondée sur la même tradition orientale qui sert de base au dénouement de mon drame.

Selon le poëte allemand, un dieu de l'Inde revêt la forme mortelle, pour juger, par expérience, des peines et des plaisirs des hommes. Il voyage, il observe. Un soir comme il se promenait au bord du Gange, une jeune bayadère l'arrête; elle emploie toutes les séductions de sa beauté, de ses talents, pour fixer près d'elle le dieu voyageur qu'elle prend pour un simple mortel; elle l'enlace de fleurs, l'enivre de parfums, chante et danse à-la-fois des hymnes d'amour et de volupté : elle ne voulait que le séduire; mais bientôt elle s'embrase elle-même du feu qu'elle allume.

Par une singularité qu'il n'appartenait qu'au génie de concevoir et de faire excuser, Gœthe a mêlé dans son ouvrage, au conte oriental, quelques unes des couleurs du conte intitulé la *Courtisane amoureuse*. La bayadère est une femme, long-temps livrée aux erreurs des sens, et dont une passion profonde épure l'ame. Le dieu, touché de son amour, veut achever de la rendre digne de lui par l'épreuve du malheur.

Après une nuit de bonheur et d'ivresse, elle trouve son amant mort à ses côtés. On emporte ce corps privé de vie ; et le bûcher s'élève : la bayadère désespérée veut s'y précipiter : on la repousse ; elle ne fut point l'épouse de celui qui n'est plus. Elle résiste ; elle veut mourir ; et, malgré les Brames qui l'arrêtent, elle se jette dans les flammes. Le dieu l'a reçue dans ses bras ; il prend son essor vers le ciel, et porte au milieu des voluptés divines l'objet de sa tendresse, digne des embrassements d'un immortel.

Telle est la conception gracieuse et mélancolique à-la-fois que Gœthe a su tirer de la fable indienne. Les convenances de sa langue et du genre de poésie qu'il avait choisi se prêtaient à cette manière de disposer un sujet, dont je devais ( toute comparaison à part ) tirer un autre parti, et faire un emploi différent, en l'adoptant à notre scène lyrique.

# LES AMAZONES,

## OPÉRA

### EN TROIS ACTES,

REPRÉSENTÉ POUR LA PREMIÈRE FOIS SUR LE THÉATRE
DE L'ACADÉMIE DE MUSIQUE, LE 17 DÉCEMBRE 1811.

# PRÉAMBULE HISTORIQUE.

On admet sans les croire la plupart des rêves aimables de la fabuleuse antiquité. Pourvu que ces fictions nous plaisent, que l'imagination s'y attache, que ces inventions singulières nous offrent des souvenirs de mœurs brillantes, des caractères et des récits intéressants, que nous importe leur vérité?

Si l'on porte la philosophie dans l'histoire, on repoussera des annales humaines un Hercule parcourant la terre pour faire la guerre à tous les monstres, un Orphée devinant dans l'enfance des siècles les plus profonds arcanes de la philosophie. Les temps qui passent pour historiques subiront un examen non moins sévère. Et la fondation de la république romaine, et tous les miracles de Rome, le gouffre de Curtius, le conte de Clélie, les histoires prodigieuses de Tite-Live, les historiettes du crédule Plutarque, les crimes impossibles de Suétone, laisseront peu de chose au critique rigide qui voudra les juger selon toutes les lois de la vraisemblance.

Descendez jusqu'aux temps modernes: ce long *roman convenu*, qu'on appelle l'histoire, vous offrira à chaque page de justes sujets de défiance. L'événement d'hier est inconnu ou mal connu dans la ville où il s'est passé. Il n'y a de certitude ni sur les faits, ni sur les dates, ni sur les hommes.

De tous les contes historiques que la crédulité des siècles a consacrés, l'un des plus brillants était sans doute cette république de femmes, connue sous le nom des Amazones, et dont tous les anciens ont parlé comme d'un fait incon-

testable. Le grave Pausanias, l'élégant Quinte-Curce, Dio-
dore de Sicile et Justin, l'incrédule Pline et le bon Plu-
tarque s'entendent sur ce point, et conviennent de leur
existence.

Quoi qu'ils aient pu affirmer, je suis assez porté à croire
que Voltaire en révoquant en doute l'existence de cette so-
ciété féminine a raison contre eux tous. Quelques centaines
de femmes qui se rassemblent pour faire la guerre au genre
humain, qui se font brûler la mamelle droite, qui vont, à
certains jours, forcer les hommes en plein marché de les
rendre mères, sauf à tuer tous les mâles qui pouvaient pro-
venir de ces hymens éphémères; cette loi, rapportée par
Hippocrate, loi qui n'admettait aucune femme parmi les
Amazones, si elle n'avait immolé trois hommes de ses pro-
pres mains; ces souvenirs consacrés par les poëtes; ces
noms sonores, Thalestris, Antiope, et la furieuse Penthé-
silée,

*Penthesilea furens. . . .*

figurent dans l'histoire des Amazones, qu'un docte abbé
(Guyon) a pris la peine de rédiger aussi sérieusement que
les annales les plus véridiques. Pour prouver leur existence,
un médecin, nommé Petit, a fait plus de recherches d'é-
rudition qu'il n'en faudrait pour éclaircir les dynasties
égyptiennes; ce qui n'empêche pas que cette histoire ne
porte tous les caractères de les fable, et ne doive être mise
au nombre des romans poétiques, dont se composent en
grande partie les annales du genre humain.

Comme fiction poétique, cette histoire est digne de la
Gréce. Cette nation guerrière, ces armes dans la main des
femmes, ce mélange de grace, de gloire, de fureur, le
costume même des Amazones, fournissent d'heureux dé-
veloppements à la peinture et à la poésie.

Un tel sujet entrait dans toutes les convenances de l'o-
péra : il était riche en contrastes, et le fond même du récit
historique, la valeur militaire devenue le partage d'un sexe
faible, offrait un contraste aimable. Les données histori-
ques existantes me suffisaient sans doute ; et le théâtre,
sur-tout celui des dieux, des illusions, et des prestiges,
n'exigeaient pas que je recherchasse avec un soin exact et
profond, si jamais des phalanges d'héroïnes descendirent
des monts Cérauniens pour inonder et ravager la Crimée,
la Circassie, l'Ibérie et la Colchide ; s'il était bien vrai
qu'une armée de femmes eût mis l'Ionie entière à feu et
à sang ; si les Amazones pénétrèrent dans l'Attique, comme
le veut Quinte-Curce, et livrèrent bataille à Thésée jusque
sous les murs d'Athènes.

Ni l'abbé Guyon, ni Gronovius n'élèvent là-dessus l'om-
bre d'un doute ; je n'ai pas dû me montrer plus scrupu-
leux. Quoi qu'il en puisse être de la vérité des faits qui
composent l'histoire des Amazones, je crois devoir en rap-
peler ici les traits principaux, d'après lesquels on pourra
du moins juger de la fidélité des tableaux, des mœurs et
des caractères que j'ai essayé de reproduire sur la scène
lyrique.

La monarchie des Amazones subsista près de trois cents
ans ; elle dut son origine à une colonie de Scythes sortis de
leur pays pour se soustraire au joug des Assyriens, vers
l'an 1700 avant l'ère vulgaire. Les peuples du Pont-Euxin,
parmi lesquels les Scythes s'étaient établis à main armée,
se liguèrent contre eux, les surprirent, et les massacrèrent
tous, à l'exception des femmes, qu'ils croyaient pouvoir
traiter en esclaves : mais celles-ci, élevées dans leur pays aux
mêmes exercices que les hommes, dont elles partageaient
les travaux, et qu'elles accompagnaient quelquefois à la

guerre, résolurent de venger la mort de leurs enfants, qu'elles ressentirent beaucoup plus vivement que celle de leurs époux. En conséquence, unies entre elles par serment, et profitant du sommeil des vainqueurs, dont elles égorgèrent les chefs, elles prirent la fuite et se réfugièrent aux environs du mont Caucase. Non contentes d'apprendre à leurs ennemis qu'ils entreprendraient en vain de les en chasser, elles ne tardèrent pas à porter la guerre sur leur territoire, et s'assurèrent la possession des pays qu'elles envahirent. Leurs premiers succès les enhardirent à méditer de plus vastes conquêtes ; mais avant de reculer les bornes de leur empire, elles voulurent en asseoir les bases sur des lois immuables, dont les plus importantes furent :

« De vouer aux hommes une haine éternelle ; de renoncer « pour jamais au mariage ; de se procurer des survivantes, « en élevant dans leurs mœurs les enfants du sexe féminin « qu'elles pourraient enlever dans leurs courses ; d'extermi- « ner tous les prisonniers mâles ; de vivre du produit de leur « arc ; enfin d'obéir aveuglément à la reine que le choix ou « la naissance aurait placée sur le trône. »

Je sais que la plupart des historiens prétendent que les Amazones, en renonçant au mariage, ne renonçaient pas au droit de se donner des héritières de leur propre sang ; mais, outre qu'il est peu vraisemblable que les hommes de leur voisinage se prêtassent à des liaisons passagères qui n'avaient d'autre objet que de perpétuer la race de leurs cruelles ennemies, il l'est encore moins que les Amazones, dont le nom était l'emblème de la chasteté, qui rendaient à Diane un culte si pur et si sévère, que l'on élevait dans la haine des hommes ; il est encore moins vraisemblable, dis-je, qu'elles abjurassent, à certains jours, toute pudeur et toute prudence, dans l'espoir, souvent trompé, de donner des filles à l'état. Quoi qu'il en fût, il est du moins certain qu'elles s'associèrent, dans le cours de leurs premières expéditions, une foule de femmes qui, par caractère, par mécontentement de leurs parents, de leurs époux, ou par tout autre motif, se rangèrent sous leurs enseignes.

Après avoir étendu leurs conquêtes jusque sur les côtes de la mer Égée, où elles fondèrent plusieurs villes, les Amazones séparèrent leur vaste empire en trois royaumes, qui eurent chacun leur reine : l'une d'elles régnait dans la Sarmatie ; l'autre aux environs d'Éphèse ; et la troisième, en qui résidait véritablement l'autorité souveraine, avait sa cour à Thémiscire sur les bords du Thermodon.

L'Hercule thébain porta, le premier, atteinte à la gloire et à la puissance des Amazones, qu'il défit dans une expédition comptée au nombre de ses douze travaux. Résolues de tirer vengeance de l'affront qu'elles avaient reçu dans la personne de leur reine Hippolyte, que Thésée, dans la guerre d'Hercule, avait emmenée prisonnière à Athènes, les Amazones, commandées par Orithyie, se débordèrent comme un torrent dans l'Attique, qu'elles ravagèrent, après avoir traversé la Thessalie. Thésée, à la tête d'une armée formidable, se présenta, leur livra bataille dans les murs d'Athènes, et remporta sur elles une victoire sanglante mais décisive. Honteuses et désespérées de leur défaite, les Amazones échappées à la bataille d'Athènes se retirèrent dans la Thrace, et y formèrent un établissement, d'où elles sortirent, à différentes époques, pour servir en qualité d'auxiliaires dans les armées des peuples ennemis des Grecs. Une expédition qu'elles entreprirent dans l'île d'Achillée, vingt ans après la prise de Troie, paraît avoir amené la ruine entière de leur empire.

L'histoire ne fait pas une mention particulière de la prise de Thèbes par les Amazones (événement que j'ai fait entrer dans mon drame, et dont il amène le dénouement); mais puisque ces femmes guerrières pénétrèrent dans l'Attique par la Thessalie, et qu'elles ravagèrent la Béotie, on peut croire qu'elles n'épargnèrent pas la ville d'Amphion, qui se trouvait sur leur chemin. Leur séjour dans l'île d'Eubée est plus certain encore, puisque du temps de Plutarque on voyait encore plusieurs de leurs tombeaux à Chalcis.

Les Amazones fondèrent la ville d'Éphèse, et bâtirent à Diane un temple « dont la dédicace, dit l'abbé Guyon, se fit au milieu des chants de joie et des divertissements des Amazones, qui dansaient au son de la flûte (à sept tuyaux), et de certaine harmonie en cadence qui se faisait par le choc des lances et des boucliers... Le bruit de cette espèce de bacchanale (poursuit le même historien) se fit entendre jusqu'à Sardes (à cinquante lieues environ). » On voit que l'harmonie bruyante n'est pas une invention moderne.

Stace, dans le deuxième chant de son *Achilléide*, et Turnèbe, dans le vingt-sixième livre de ses *Commentaires*, parlent d'une danse particulière aux Amazones, que l'on nommait le *pecten*; d'après la description assez peu claire qu'ils en donnent, on voit néanmoins que cette danse était une espèce de *pyrrhique* d'un genre très gracieux, puisqu'elle était en usage parmi les jeunes filles dans toutes les fêtes de la Grèce.

Les bas-reliefs et les médailles qui représentent des Amazones offrent de grandes variétés dans la forme de leurs habillements; tous cependant ont cela de commun qu'ils laissent le côté gauche à découvert, et sont retenus par une large ceinture. Il paraît qu'elles portaient à la guerre une espèce de corselet, dont la cotte d'armes ne descendait pas au-dessous du genou. Leur coiffure était, pour la plupart d'entre elles, le casque garni de panaches : quelques unes portaient le bonnet phrygien, et d'autres leurs cheveux relevés au sommet de la tête. Leurs armes étaient la flèche, le javelot, la hache à deux tranchants, et un bouclier d'une forme particulière que l'on nommait *pelta;* pour instruments de guerre, elles se servaient du cornet, de la trompette, et du sistre égyptien.

Il y a eu plusieurs reines des Amazones du nom d'Antiope. Isidore, dans son livre des *Origines,* est le seul mythologue qui ait pu m'autoriser à compter de ce nombre Antiope, mère d'Amphion et de Zéthus. On pourrait trouver cette autorité insuffisante pour établir un fait historique; mais quand il ne s'agit que de choisir entre des fables, il doit être permis, sur-tout à un auteur d'opéra, de prendre sans examen celle qui se lie le plus heureusement à son sujet.

# PERSONNAGES.

ANTIOPE, reine des Amazones.   M<sup>mes</sup> BRANCHU

ÉRIPHILE, jeune Amazone.   ALBERT-HYM

AMPHION.   MM. NOURRIT.

ZÉTHUS, frère d'Amphion.   DÉRIVIS.

JUPITER.   BERTIN.

LICIDAS, chef thébain.   DUPARC.

UNE AMAZONE, chef.   M<sup>lle</sup> J. ARMAND,

UN OFFICIER THÉBAIN.   M. HENRARD,

GUERRIERS, AMAZONES, PEUPLE THÉBAIN.

# LES AMAZONES,

## OPÉRA.

~~~~~~~~~~~~~~~~~~~~~~~~~~~~~~~~~~~~~~~~~~~~~~

## ACTE PREMIER.

————

Le théâtre représente la ville de Thèbes en construction ; les monuments y sont encore entourés d'échafaudages. On découvre dans le fond le détroit de l'Euripe, qui sépare la Béotie de l'île d'Eubée.

Au lever du rideau, les Thébains travaillent, diversement groupés.

Amphion, la lyre à la main, excite leur courage et dirige leurs travaux.

## SCÈNE I.

### AMPHION, CHŒUR.

#### AMPHION.

A la voix d'Amphion, Thébains, prêtez l'oreille ;
Fuyez les langueurs du repos ;
Et, poursuivant le cours de vos nobles travaux,
Que votre ardeur à mes chants se réveille !

#### CHŒUR.

Travaillons ;
Écoutons.

#### AMPHION.

Divin pasteur de Thessalie,

Daigne seconder mes efforts,
Et renouvelle sur ces bords
Les prodiges de l'harmonie.
Si les murs de Laomédon
Attestent ta main immortelle,
J'ose à ton exemple, Apollon,
Élever les remparts d'une Thèbes nouvelle.

CHOEUR.

De ses accents ô magique pouvoir!
Le marbre paraît se mouvoir,
Et par une force suprême
Monte et vient se placer lui-même
Au lieu qui doit le recevoir.

AMPHION.

Et toi, Minerve bienfaisante,
A qui j'ai consacré ces lieux,
Mère des arts, sur ta ville naissante
Jette un regard du haut des cieux.

CHOEUR.

Travaillons;
Écoutons.

AMPHION.

Divin pasteur de Thessalie, etc.

CHOEUR.

De ses accents ô magique pouvoir! etc.

AMPHION.

Compagnons, c'est assez; voici l'heure où mon frère
Vous appelle à des jeux, image de la guerre;
Élève et favori de Mars,
Zéthus en ces lieux va se rendre.
C'est peu de bâtir des remparts;

Thébains, il faudra les défendre.

( *Les Thébains s'éloignent, et Zéthus entre pendant la ritournelle.* )

# SCÈNE II.

## AMPHION, ZÉTHUS.

### AMPHION.

Tu veux en vain, mon cher Zéthus,
Dérober à mes yeux ta profonde tristesse;
Pour échapper à ma tendresse
Tes chagrins me sont trop connus.

### ZÉTHUS.

Quels vœux pourrais-je faire?

### AMPHION.

Dois-je oublier jamais que le plus tendre amour
T'enchaînait dans des lieux que tu fuis sans retour?

### ZÉTHUS.

L'amitié m'appelait sur les pas de mon frère,
En tous lieux étrangers,
Sans parents, sans patrie,
Sur le mont Cythéron nourris par des bergers,
Auprès de toi l'amour eût partagé ma vie,
Que réclamèrent tes dangers.
Bientôt la renommée
Apprend qu'à ces mortels dans les forêts épars,
Amphion enseignait les vertus et les arts :
D'un tyran l'ame est alarmée;
L'inflexible Lycus
Te force loin de lui de chercher un asile.

L'amour se tait alors, et la triste Ériphile
Ne peut, en invoquant des nœuds que j'ai rompus,
Balancer Amphion dans le cœur de Zéthus.

### AIR.

De l'amitié la sainte flamme
A l'amour impose la loi :
Le premier besoin de mon ame,
Mon frère, est de vivre pour toi.
Les dieux m'ont conservé mon frère ;
Mon espoir, mes vœux sont remplis ;
Et tu me tiens lieu sur la terre
De tous les biens qu'ils m'ont ravis.

### AMPHION.

Va, je sens tout le prix d'un pareil sacrifice ;
Et, si mon cœur n'aveugle mes esprits,
Le tien bientôt en recevra le prix.

### ZÉTHUS.

Non ; je n'espère pas un destin plus propice.
Les Amazones sur ces bords
Dirigent leurs fougueux efforts ;
Déja de leurs vaisseaux cette mer est couverte ;
J'entrevois des malheurs que pour toi seul je crains.
Entourés d'ennemis conspirant notre perte,
Sans secours, au milieu d'une plage déserte,
Que deviendront quelques Thébains
Descendus à ta voix du haut de leurs montagnes,
Réunis sans liens, et vivant sans compagnes ?

### DUO.

### AMPHION.

Dans l'avenir ne portons pas nos yeux,

Jupiter nous protége;
Par une crainte sacrilége
Nous pourrions offenser les dieux.

ZÉTHUS.

Qu'ils protégent mon frère !
Qu'Amphion soit heureux !
C'est ma seule prière,
Le dernier de mes vœux.

AMPHION.

Aux enfants de Léda j'ai consacré ce temple,
Compte sur leur secours;
Des dieux lorsque tu suis l'exemple,
Ils doivent veiller sur tes jours.

ZÉTHUS.

Ils ont proscrit les tiens.

AMPHION.

Je leur dois ta tendresse.

ZÉTHUS.

Leur rigueur nous poursuit.

AMPHION.

J'espère en leur promesse.
L'oracle nous prédit des jours moins malheureux.

ENSEMBLE.

Que Zéthus   ⎫
            ⎬ soit heureux !
Qu'Amphion  ⎭
C'est ma seule prière,
Le dernier de mes vœux.

# SCÈNE III.

LES MÊMES, CHOEUR DE THÉBAINS, *armés.*

CHOEUR.

Compagnons, que Zéthus appelle,
Accourons, écoutons sa voix;
De l'honneur, à ses pas fidéle,
Il enseigne aux guerriers les lois;
Méritons la palme nouvelle
Réservée aux brillants exploits.

AMPHION.

Amis, sur vous, sur vos destins,
J'ai consulté des oracles certains;
Quand nous défendrons cette ville,
D'un essaim de beautés ces murs seront l'asile,
Et l'hymen comblera le bonheur des Thébains.

CHOEUR.

Sa voix, sa présence,
Charment nos douleurs;
La douce espérance
Rentre dans nos cœurs.

AMPHION.

De cet avenir plein de charmes
Sachez mériter la faveur.

ZÉTHUS.

Jeunes Thébains, prenez vos armes,
Et disputez le prix de la valeur.

CHOEUR.

Prenons, amis, prenons nos armes,

Et disputons le prix de la valeur.

AMPHION, *pendant les préparatifs.*

Amis, songez que la gloire
Est la compagne des amours.

ZÉTHUS.

Que le myrte fleurit toujours
Près du laurier de la victoire.

AMPHION.

Amante du dieu des hasards,
De crainte, d'espoir embellie,
Vénus parfois se réfugie
Sous les tentes de Mars.

(*Jeux guerriers.*)

AMPHION.

Quel bruit se fait entendre?

ZÉTHUS.

C'est Licidas.

AMPHION.

Que vient-il nous apprendre?

# SCÈNE IV.

## LES MÊMES, LICIDAS.

LICIDAS.

Infortunés Thébains, voilà donc notre sort !

CHOEUR

Parle.

ZÉTHUS.

Qu'annonces-tu?

LICIDAS.

L'esclavage ou la mort.

Traversant le détroit dont les flots nous séparent,
Sur l'Euripe, couvert de leurs vaisseaux nombreux,
    Les Amazones se préparent
    A venir attaquer ces lieux.

### CHOEUR.

Contre ces femmes invincibles,
Contre leurs phalanges terribles,
Quel dieu viendra nous secourir?

### DEUXIÈME CHOEUR.

Dans nos murs sans défense,
Quelle est notre espérance?

### ZÉTHUS.

De combattre, de vaincre, ou de savoir mourir.

### AMPHION.

### *FINAL.*

    J'admire ton courage;
Et nous suivrons l'avis que tu viens de donner.
    Mais avant de braver l'orage
    Essayons de le détourner.
    Tandis que la voile captive
Arrête leurs vaisseaux et suspend leurs projets,
Qu'un de nous à l'instant vole sur l'autre rive,
Et porte aux ennemis des paroles de paix.

### UN CORYPHÉE.

    Ces féroces guerrières
    Sèment par-tout l'effroi;
Qui pourroit affronter leurs fureurs meurtrières;
    Qui de nous s'exposera?

### AMPHION ET ZÉTHUS.

Moi!

AMPHION.

Le péril est extrême,
Je ne puis le nier;
Mais je réclame pour moi-même
L'honneur d'y courir le premier.

ZÉTHUS.

Le péril est extrême.
Mon frère est votre chef, je ne suis qu'un guerrier;
Thébains, à cet honneur suprême
Je dois prétendre le premier.

CHŒUR.

O ciel! qu'osez-vous entreprendre?
A la mort vous allez courir.

AMPHION, à *Zéthus*.

Zéthus à mes vœux doit se rendre.

CHŒUR.

O ciel! qu'allez-vous entreprendre?

ZÉTHUS.

Amphion, laisse-moi partir.

AMPHION.

Je n'y puis consentir.

CHŒUR.

A la mort vous allez courir.

ZÉTHUS.

Un peuple entier par ma bouche t'implore.

AMPHION.

Je partirai, je le répète encore.

CHŒUR, à *Amphion*.

Sans toi qu'allons-nous devenir?

ZÉTHUS.

Quand un même espoir nous rassemble,

Pourquoi d'inutiles débats?
Nés pour vivre et mourir ensemble,
Ne nous séparons pas.

*ENSEMBLE.*

Le même desir nous rassemble,
Pourquoi d'inutiles débats?
Nés pour vivre et mourir ensemble,
Ne nous séparons pas.

*CHOEUR.*

Sur cette terre ennemie
Laissez-nous suivre vos pas.

*ZÉTHUS ET AMPHION.*

Nous reverrons notre patrie :
Pour la défendre, armez vos bras.

*CHOEUR.*

Ah! ne nous abandonnez pas;
En vous nous voyons la patrie.

*ZÉTHUS ET AMPHION.*

Nous agissons pour vous.

*CHOEUR.*

N'exposez pas une si chère vie,
Nous vous supplions à genoux.

*AMPHION.*

Amis, rassurez-vous.
De Licidas en notre absence
Suivez les ordres absolus :
Thébains, votre salut est dans l'obéissance;
Souvenez-vous du sort des enfants de Cadmus.
Nous vous quittons, nous allons entreprendre
D'éloigner des dangers trop sûrs;
Jurez, si nous mourons, de venger notre cendre; •

Jurez de défendre ces murs.

ZÉTHUS, AMPHION ET LE CHOEUR.

Nous le jurons } par la déesse
Vous le jurez }
Que l'on adore dans ces lieux.
Pallas reçoit notre } promesse,
Pallas reçoit votre }
Et vos serments } sont écrits dans les cieux.
Et nos serments }

LE CHOEUR.

Que le dieu des batailles,
Attaquant ces murailles,
S'arme lui-même contre nous;
Avant que de nous rendre,
Sur leurs débris en cendre,
Oui, nous périrons tous.

AMPHION ET ZÉTHUS.

Dût le dieu des batailles,
Attaquant ces murailles,
S'armer lui-même contre vous;
Sur leurs débris en cendre,
Avant que de vous rendre,
Mourez et vengez-nous.

FIN DU PREMIER ACTE.

# ACTE SECOND.

---

Le théâtre représente le camp des Amazones dans l'île d'Eubée. Il est assis sur le bord de l'Euripe, au milieu des bois et des rochers. A droite, on voit la statue colossale de Diane.

On découvre la ville de Thèbes dans le lointain. Le rivage des Amazones est couvert de vaisseaux prêts à mettre à la voile. — Cette décoration doit donner l'idée du site le plus sauvage et le plus conforme aux mœurs des femmes qui l'habitent.

## SCÈNE I.

### ÉRIPHILE, AMAZONES.

##### AMAZONES.

Accourez, filles indomptables,
  Les chemins sont ouverts;
Que vos boucliers redoutables
  Résonnent dans les airs.
Accourez, les vents favorables
  Ont soulevé les mers.

##### ÉRIPHILE, *à part.*

Quels cris épouvantables !
Quels horribles concerts !

( *Les Amazones exécutent des évolutions et des pas militaires.* )

# SCÈNE II.

LES MÊMES, ANTIOPE.

ANTIOPE.

Vous dont la fureur et la haine
Partagent mon juste courroux,
Amazones, préparez-vous
A suivre votre souveraine.
Près des bords que nous habitons,
Ces monstres que nous détestons,
Des hommes ont osé se choisir un asile.
Vous la découvrez cette ville
Dont l'aspect odieux offense vos regards.

*AIR.*

Attaquons-la de toutes parts;
Portons-y le fer et la flamme:
Des Thébains que la race infame
Disparaisse sous leurs remparts.
Cithéron, que ma haine atteste,
Antiope te reverra!
Et sa vengeance descendra
Du haut de ton sommet funeste.
Frappons Thèbes de toutes parts;
Portons-y le fer et la flamme:
Des Thébains que la race infame
Disparaisse sous leurs remparts.

| ÉRIPHILE, *à part.* | ANTIOPE, *à part.* |
|---|---|
| Cachons le trouble de mon ame; | La terreur agite son ame, |
| Il se trahit dans mes regards. | Elle se peint dans ses regards. |

ANTIOPE.

Approchez, Ériphile;
Avant de quitter cet asile
Où Diane respire un encens immortel,
Attestez la déesse,
Et, confirmant une sainte promesse,
Répétez avec nous le serment solennel.

ÉRIPHILE, *à part, s'avançant avec Antiope au pied de la statue.*

Dieux puissants, de mon cœur soutenez la faiblesse!

ANTIOPE; ÉRIPHILE, ET LE CHOEUR *répètent après elle.*

Diane, reçois nos serments:
J'abjure, à tes regards sévères,
L'Amour et ses honteux tourments:
Je brise tous ces nœuds vulgaires,
D'époux, de frères, de parents.
Divine protectrice,
Soutiens nos efforts généreux:
Et, si quelque Amazone osait trahir ses vœux,
Qu'à l'instant même elle périsse.

CHOEUR.

Oui, si quelque Amazone osait trahir ses vœux,
Qu'à l'instant même elle périsse.

ÉRIPHILE, *à part.*

La terreur sur mon front fait dresser mes cheveux;
A-t-on prononcé mon supplice?

ANTIOPE.

Profitons des secours qu'Éole nous promet;
Il est temps de quitter cette île;
Allez tout préparer pour ce noble projet.

• ( *Les Amazones sortent.* )

ÉRIPHILE, *à part à Antiope.*
Daignez un seul moment écouter Ériphile.


# SCÈNE III.

### ANTIOPE, ÉRIPHILE.

ÉRIPHILE.

AIR.

Reine, vous connaissez l'excès de mon malheur ;
De l'amour le plus pur, victime infortunée,
     Par un perfide abandonnée,
Je viens cacher ici ma honte et ma douleur.
De vos terribles lois, qui vengent mon injure,
     J'ai subi la rigueur ;
A de sauvages lois, dont frémit la nature,
     J'ai su forcer mon cœur.
Je connais la rigueur du destin qui me lie ;
     Par-tout je dois suivre vos pas ;
     Mais dans le sein de ma patrie
Quand vous allez porter la guerre et le trépas,
Souffrez que sur ces bords je ne vous suive pas.

ANTIOPE.

Qu'espérez-vous ?

ÉRIPHILE.

     J'ai banni de mon ame
     Une honteuse flamme,
J'ai juré de punir l'auteur de mes tourments :
     J'obéirai sans peine,
     Et, fidèle à ma haine,
     Je tiendrai mes serments.

Mais aux rives de Béotie
Ériphile a reçu le jour,
Et sur cette terre chérie
A ceux de qui je tiens la vie
Je garde un souvenir d'amour.
D'un père à qui ma fuite a coûté tant de larmes
Irai-je creuser le tombeau?
Parmi les flambeaux et les armes
Irai-je semer les alarmes
Dans les lieux où fut mon berceau?

ANTIOPE.

Tes destins sont fixés, par-tout il faut nous suivre;
C'est parmi nous que tu dois vivre,
Et ta seule patrie est au milieu des camps.
Étouffe dans ton cœur ces lâches mouvements
Qu'Antiope ne peut connaître;
Va, loin de partager ta honteuse douleur,
C'est dans les lieux qui m'ont vu naître
Que je brûle en secret de porter ma fureur.

ÉRIPHILE.

Dans votre ame magnanime
J'ai surpris quelquefois des sentiments plus doux.

ANTIOPE.

Non; de mon immortel courroux
La cause est trop légitime.

ÉRIPHILE.

De nos communs ennemis
Quel est donc le forfait dont l'horreur vous sépare?

ANTIOPE.

Au crime affreux qu'ils ont commis,
Je mesure les maux que mon cœur leur prépare,

Et c'est d'eux-mêmes que j'appris
A devenir barbare.

*AIR.*

Auprès d'un trône où je dus aspirer,
Fille des rois, à la pudeur fidéle,
Et dédaignant une flamme mortelle,
A mon bonheur tout semblait conspirer.
Le dieu qui lance le tonnerre,
Sous qui tremblent les cieux et s'abaisse la terre,
Brillant de gloire et de splendeur,
Jupiter parut lui-même :
A son hommage suprême
Je ne pus dérober mon cœur.
Superbe amante et mère fortunée,
Dans un mystérieux séjour
Deux gages précieux d'un auguste hyménée
Croissaient sous mes regards, et m'enivraient d'amour.
Mais de l'asile tutélaire
Une clarté funeste a percé le mystère !
Qu'entends-je...? Quels cris menaçants....!
Arrête... monstre sanguinaire!...
Ce sont mes fils...! Vœux impuissants!...
Je cesse d'être mère ;
Sur le mont Cithéron, par ordre de mon père,
On immole mes deux enfants...!
De mes chagrins tu sais la cause.

*DUO.*

ÉRIPHILE.

De vos chagrins l'horrible cause
Doit en excuser les effets.

ANTIOPE.

A mon cœur la nature impose
Les outrages que je lui fais.

ÉRIPHILE.

Je partage vos maux.

ANTIOPE.

Partage ma furie.

ÉRIPHILE.

Je pleure vos enfants.

ANTIOPE.

Laisse-là ta pitié !
Contre une race impie
Sers ma juste furie,
Mon implacable inimitié.

*ENSEMBLE.*

Du ⎫
Le ⎭ souvenir ⎰ de ton ⎱ outrage
⎰ de mon ⎱

Enflamme ⎰ ton ⎱ cœur irrité.
⎰ mon ⎱

Libre du plus vil ⎱
Mais libre d'un vil ⎰ esclavage,

Sois fière de ta ⎱ liberté.
Je gémis de ma ⎰

# SCÈNE IV.

LES MÊMES, UNE AMAZONE.

UNE AMAZONE.

Deux envoyés de Thèbe ont touché ce rivage;
Ils se sont présentés l'olivier à la main.
Qu'ordonnez-vous?

ANTIOPE.

Qu'ils soient désarmés, et soudain
Devant moi qu'on les amène.

ÉRIPHILE, *à part.*

Quel trouble s'élève en mon sein!
D'où vient que je respire à peine?

ANTIOPE.

Des lieux où je commande ils osent approcher!
C'est la mort qu'ils viennent chercher.

# SCÈNE V.

LES MÊMES, AMPHION, ZÉTHUS, AMAZONES.

ANTIOPE, *aux Thébains.*

Répondez, quel motif, à ma haine propice,
Dans Eubée aujourd'hui vous amène à mes yeux?

ÉRIPHILE.

Que vois-je, ô ciel!... lui... Zéthus en ces lieux!

( *Antiope a surpris le mouvement d'Ériphile, qui se dérobe
aux yeux de Zéthus parmi ses compagnes.* )

AMPHION.

Reine, sous la garde des dieux

Nous venons réclamer la paix et la justice.

ANTIOPE.

La justice! ah! de nous vous allez l'obtenir :
Elle-même a dicté le sort qu'on vous réserve.
Vous vous parez en vain du rameau de Minerve,
Et vos soumissions ne peuvent m'attendrir.

AMAZONES.

Armons nos cœurs d'un courage implacable,
Et punissons leur audace coupable.

AMPHION.

Avant d'entendre par ta voix
Le sort qu'ici tu nous destines,
Reine d'un peuple d'héroïnes,
Devant toi du malheur j'ose invoquer les droits.
Que t'ont fait les Thébains? ont-ils par quelque offense
Irrité ta colère, appelé ta vengeance?
Quelques mortels obscurs, sortis du fond des bois,
A peine réunis sous l'empire des lois,
Peuvent-ils te porter ombrage?
Proscrits et vertueux sur ce bord étranger,
Quand d'un tyran cruel la haine nous exile,
Les dieux nous doivent un asile,
Et vous devez nous protéger.

AMAZONES.

Quels accents! quel noble langage!

*AIR.*

AMPHION.

Ah! si par d'autres ennemis
Les Thébains étaient poursuivis,
Loin d'eux pour repousser l'orage
C'est encore à votre courage

Qu'ils auraient recours aujourd'hui.
Ne trompez pas leur confiance.
Amazones, votre vaillance
Contre vous-même est notre appui.

AMAZONES.

Dieux, quel prodige!
A quel prestige
A-t-il recours?
Sa voix captive
L'ame attentive
A ses discours.

ANTIOPE.

Par de lâches détours
En vain tu prétends me surprendre;
Apprends de moi ce que tu dois attendre.
Pour vous et votre peuple il n'est que deux partis:
Esclaves, soyez soumis,
Ou soldats, sachez vous défendre.

AMPHION.

Eh quoi...!

ANTIOPE.

Je ne veux rien entendre.

ZÉTHUS, à *Amphion*.

Cesse de supplier d'indignes ennemis.

ÉRIPHILE.

Il va se perdre, ô ciel!

AMAZONES.

Ta coupable insolence
Aura sa récompense.

ANTIOPE, *aux Amazones*.

Venez, et suivez-moi dans le sacré parvis.

Sur le sort des captifs consultons la déesse.

( *à part.* )

Je prétends éclaircir un soupçon qui me presse.

( *à Ériphile.* )

Tandis que nous irons des augures divins
Interroger la voix dans le céleste asile,

A la garde de ces Thébains
Je commets Ériphile.

( *En prononçant ce dernier vers, Antiope regarde Zethus.* )

ZÉTHUS.

Ériphile...! qu'ai-je entendu?

ANTIOPE, *à part.*

C'est lui!

AMPHION, *à Zéthus.*

Crains les transports de ton cœur éperdu.

*ENSEMBLE.*

| AMAZONES. | ANTIOPE. |
|---|---|
| Point de pitié, point de clémence, | D'une coupable intelligence |
| Ne songeons plus qu'à leurs forfaits; | J'ai découvert les nœuds secrets; |
| Le souvenir de notre offense | Observons-les dans le silence, |
| A rallumé notre vengeance : | Et confondons dans la vengeance |
| Pour ces plaisirs nos cœurs sont faits. | Les cœurs unis par les forfaits. |
| AMPHION, *à Zéthus.* | ZÉTHUS, ÉRIPHILE. |
| D'une fatale intelligence | L'effroi, le trouble, l'espérance, |
| Crains de trahir le nœud secret; | Trahit mon cœur et mon secret; |
| Contrains ton cœur en leur présence; | Contraignons-nous en leur présence; |
| Dans le séjour de la vengeance | Dans le séjour de la vengeance |
| La pitié seule est un forfait. | La pitié seule est un forfait. |

( *Les Amazones sortent, et la reine indique par un jeu
muet qu'elle veille sur les personnages qui restent.* )

# SCÈNE VI.

## AMPHION, ZÉTHUS, ÉRIPHILE.

ZÉTHUS.

Ériphile, est-ce vous? Sur le bord de l'abyme
Je vous retrouverais?

ÉRIPHILE.

Oui, tu vois ta victime,
Celle qui mit en toi son espoir, son bonheur;
Qui vécut pour t'aimer; celle enfin que ton cœur,
Par la plus noire perfidie,
Pour prix de tant d'amour a lâchement trahie.

AMPHION.

Ah! ne l'accuse pas : Zéthus est innocent :
Jamais il n'a cessé d'adorer Ériphile.
D'un frère infortuné, que l'injustice exile,
Il partagea le sort, et fuit en gémissant.

ZÉTHUS.

En quittant le rivage,
Témoin de nos tendres amours,
J'emportai ton image,
Mon cœur la conserva toujours.

ÉRIPHILE.

En quittant le rivage,
Témoin de nos tendres amours,
Au malheur, à l'outrage,
Zéthus a condamné mes jours.

AMPHION.

Vos maux sont mon ouvrage;

Mais pour en terminer le cours,
　　Sur ce triste rivage
Un dieu l'améne à ton secours.

ÉRIPHILE, *à Zéthus.*

Mon ame te fut asservie !

AMPHION, *à Ériphile.*

Sa douleur doit te désarmer.

ÉRIPHILE, *à Zéthus.*

Je t'avais consacré ma vie.

ZÉTHUS.

Je vis encore pour t'aimer.

ÉRIPHILE, *à Zéthus.*

Dois-je te croire ? hélas !

ZÉTHUS.

　　　De ma flamme immortelle
Peux-tu méconnaître l'ardeur.

ZÉTHUS, AMPHION.

Ériphile, rends- $\begin{cases} \text{lui} \\ \text{moi} \end{cases}$ ton cœur.

ÉRIPHILE, *avec abandon.*

Va ! je fus malheureuse et non pas infidèle.

*ENSEMBLE.*

Avec transports je te revoi.

*TRIO.*

| ÉRIPHILE, AMPHION. | ZÉTHUS. |
|---|---|
| A ta promesse, | Douce promesse |
| Dans son ivresse, | De sa tendresse, |
| Mon ⎱ cœur s'empresse | Avec ivresse |
| Son ⎰ | Je te reçoi. |
| D'ajouter foi. | |

　　A mon destin je me livre,
Heureuse $\Big\{$ avec toi de vivre,
Heureux

Ou de mourir avec toi.

ÉRIPHILE.

En prenant une affreuse chaîne,
Je crus obéir à la haine,
Je cédais encore à l'amour.

ENSEMBLE.

A ta promesse, etc.

AMPHION.

Nos moments sont comptés, sachons en faire usage.
La nef qui nous porta sur ce fatal rivage
Nous offre un utile secours;
Venez! c'est là qu'il faut nous rendre.

ZÉTHUS.

Dois-je exposer tes jours?

ÉRIPHILE.

Des tiens ils vont dépendre.

AMPHION.

Évitons l'aspect odieux
De nos féroces ennemies.

ÉRIPHILE.

Dérobons-nous à ces furies.

ZÉTHUS.

J'expose des jours précieux!

ENSEMBLE.

Fuyons sous la garde des dieux.

# SCÈNE VII.

LES MÊMES, ANTIOPE, AMAZONES.

ANTIOPE.

**Arrêtez.**

ZÉTHUS, AMPHION, ÉRIPHILE.

Céleste justice !

ANTIOPE, *à Ériphile.*

C'est donc ainsi que tu tiens tes serments.
De l'auteur de tes maux tu deviens la complice ;
Vous périrez tous trois.

AMPHION, ZÉTHUS, ÉRIPHILE.

Que la mort nous unisse !

ANTIOPE.

Diane attend de moi leurs justes châtiments.

AMAZONES.

Que nos lois outragées
A l'instant soient vengées.

ANTIOPE, *à Amphion.*

Toi, des remparts thébains illustre fondateur,
Sur ce roc escarpé, d'où l'œil au loin domine,
De tes murs élevés par un art imposteur
Tu vas contempler la ruine.
Ériphile suivra son lâche séducteur ;
Zéthus doit à Diane être offert en victime ;
( *à Ériphile.* )
Et dans Thèbes fumante, expiant ton erreur,
Ta main doit l'immoler pour expier ton crime.

ÉRIPHILE.

Plutôt mourir cent fois.

AMPHION.

O funestes adieux!

ZÉTHUS.

Ériphile...! mon frère...

ANTIOPE.

Allez, qu'on les sépare!

ÉRIPHILE.

Reine injuste et barbare!

ANTIOPE.

Amazones, qu'on les sépare!

AMAZONES.

Séparons-les!

ZÉTHUS.

Injustes dieux!

LES AMAZONES, *en s'embarquant après avoir enchaîné Amphion au pied de la statue.*

Partons, Bellone nous appelle;
Élançons-nous sur nos vaisseaux;
   Que notre haine immortelle
   Pour une race cruelle
   Traverse avec nous les flots!

AMPHION.

Quel spectacle! ô douleur mortelle!
Je te suis en vain sur les eaux,
   Mon frère, en vain je t'appelle;
   Hélas! ma voix infidèle
   Va se perdre sur les flots.

# SCÈNE VIII.

## AMPHION.

*FINAL.*

C'en est donc fait ; le sort a comblé ma misère ;
　　Mais seul en ces horribles lieux,
　　Abandonné de la nature entière,
　　Je suis encore en présence des dieux.
« O toi, des immortels le plus grand, le plus juste,
« Recours de l'innocence, appui des malheureux,
　　« J'ose apporter mes humbles vœux
　　　« Au pied de ton trône auguste.
　　« De quels transports je me sens agité !
　　　« Au fond de mon ame
　　　« Une céleste flamme
　　« Atteste la divinité.
　　　　« J'en crois cet augure.
　　　　« Soumise à ma voix,
　　　　« Pour moi la nature
　　　　« Interrompt ses lois.
　　　　« La terre alarmée
　　　　« A paru frémir,
　　　　« Et l'onde enflammée
　　　　« Semble au loin gémir.

*AIR.*

Vierge timide, humble et tendre prière
De l'homme infortuné, céleste messagère,
　　Volez au séjour radieux :
　　　Que vos accents fidèles,

Jusques aux voûtes éternelles,
Prolongent mes soupirs en sons mélodieux.

SATYRES ET FAUNES.

( *Satyres.* )

Sortons de nos antres sauvages,
( *Faunes.* )

Quittons nos riants pâturages;
D'Amphion les accents ont enchanté ces lieux.

AMPHION.

Le calme naît; de l'espérance
Le rayon vient frapper mes yeux.
De Jupiter ô divine assistance,
   La voix de l'innocence
A fléchi le maître des dieux.

DRIADES, ORCADES.

( *Driades.* )

Quittons nos forêts, nos campagnes,
( *Orcades.* )

Sortons du sein de nos montagnes;
D'Amphion les accents ont enchanté ces lieux.

AMPHION.

Vierge timide, humble et tendre prière,
De l'homme infortuné céleste messagère,
   Vous unissez la terre aux cieux.

NYMPHES DE LA MER.

Sortons de nos grottes profondes,
Quittons l'humide champ des ondes.

AMPHION.

Vierges saintes, filles des cieux,
   Que vos accents fidèles,
Jusques aux voûtes éternelles,

Prolongent mes soupirs en sons mélodieux.

( *Les trois divinités de l'air, Iris, l'Aurore et Phœbé, parais-*
*sent sur des nuages.* )

### CHOEUR GÉNÉRAL.

Sortons de nos grottes profondes,
Quittons l'humide champ des ondes ;
D'Amphion les accents ont enchanté ces lieux.

### AMPHION.

Du sein de la plaine azurée,
Vous qui prêtez l'oreille à mes concerts,
Tendres filles du vieux Nérée,
Guidez-moi sur les vastes mers.

### NÉRÉIDES.

Suis-nous : les filles de Nérée
Vont te guider au sein des mers.

( *Les Satyres et les Faunes s'approchent d'Amphion, le*
*détachent et le remettent aux mains des Néréides.* )

### AMPHION.

Adieu, rivages solitaires,
Où le sort enchaîna mes pas ;
Adieu : sur les traces d'un frère
Je vais chercher la gloire ou le trépas.

### CHOEUR GÉNÉRAL DES DIVINITÉS.

Sa voix dissipe les nuages,
Elle écarte au loin les orages,
Apaise les vents et les flots ;
Et du Zéphyr la seule haleine,
Caressant la liquide plaine,
Des airs interrompt le repos.

**FIN DU SECOND ACTE.**

# ACTE TROISIÈME.

———

Le théâtre représente une portion achevée de la ville de Thèbes, sur le bord de l'Euripe. Sur la gauche, vers le troisième plan, on voit le péristile du temple de Castor et Pollux; et au bas, sur un piédestal, le groupe des enfants de Léda. Les vaisseaux des Amazones couvrent le détroit.

## SCÈNE I.

### LICIDAS, THÉBAINS.

THÉBAINS, *fuyant en désordre.*
C'est Pallas elle-même...!

DEUXIÈME CHOEUR DE THÉBAINS, *entrant.*
O terreur! ô disgrace!

LICIDAS.
Guerriers, où courez-vous? quelle terreur vous glace?
Zéthus, par mes mains délivré,
Signale sa valeur brûlante;
Déja son bras désespéré
Dans les rangs ennemis a jeté l'épouvante.

# SCÈNE II.

LES MÊMES, ZÉTHUS.

ZÉTHUS.

Je combats avec vous, venez et suivez-moi !
Que la gloire à ma voix se réveille en vos ames :
    Ne fuyez pas devant des femmes,
  Et rougissez de ce honteux effroi.

ZÉTHUS, LICIDAS, THÉBAINS.

  La victoire nous est ravie,
  Mais nous triompherons du sort ;
  Rien ne peut nous sauver la vie,
  Illustrons du moins notre mort.

UN OFFICIER THÉBAIN, *entrant sur la scène.*

   Des phalanges nouvelles
   Inondent nos remparts ;
Et, la flamme à la main, ces guerrières cruelles
   S'avancent de toutes parts.
J'ai cru voir Amphion jeté sur ce rivage,
Dans les rangs ennemis se frayant un passage.

ZÉTHUS.

Amphion !... juste ciel !... je vole à son secours...

CHŒUR.

Nous voulons partager le trépas où tu cours.
  Marchons...

   (*il rassemble les Thébains, et va pour sortir avec eux.*

# SCÈNE III.

LES MÊMES, ANTIOPE, AMPHION, ÉRIPHILE, AMAZONES.

*(Les Amazones inondent en quelque sorte la scène, et les vaisseaux qui s'approchent en sont couverts : une partie tiennent en main des torches ardentes.)*

ZÉTHUS.

C'est lui-même...! mon frère!

ANTIOPE.

Si tu fais un seul pas, il expire à tes yeux.

*(Quelques Amazones tiennent leur javelot sur le sein d'Amphion enchaîné.)*

ZÉTHUS.

O rage sanguinaire :

AMPHION, à *Zéthus.*

Accours ; n'hésite pas.

ANTIOPE.

Tout ce peuple odieux

Va payer de sa vie un conseil téméraire.

ZÉTHUS.

Me promets-tu d'épargner les vaincus?

De sauver Ériphile? et, sous ta loi barbare,

Quel que soit en ce jour le sort qu'on nous prépare,

De ne point séparer Amphion et Zéthus?

ANTIOPE.

Par Jupiter, je le jure!

ZÉTHUS.

Amis, c'en est assez; je vous rends vos serments.

(*Il jette son glaive et son bouclier, et se précipite dans les bras de son frère au milieu des Amazones.*)

Cher Amphion, dans nos embrassements
Du destin oublions l'injure.

### AMAZONES.

Que l'univers avec terreur
S'entretienne de notre gloire;
De la plus illustre victoire
Ce jour nous assure l'honneur.

### ANTIOPE.

Nous triomphons, et le dieu des batailles
Nous a livré nos ennemis;
Ils ont osé défendre leurs murailles,
Ils sont vaincus, qu'ils soient punis.
Un éternel esclavage
De ces guerriers obscurs doit être le partage;
Je réserve à leurs chefs un plus illustre sort;
Amphion et Zéthus ont mérité la mort.

### AMAZONES.

Amphion et Zéthus ont mérité la mort.

### ANTIOPE, à *Ériphile*.

Et toi, dont l'indigne tendresse
D'une Amazone a pu souiller le nom,
Ériphile, de ta faiblesse
Tu peux encor mériter le pardon;
(*Elle lui présente un arc.*)
Saisis cet arc d'une main raffermie,
Et que Zéthus expire sous tes coups.

### ÉRIPHILE.

Je ne m'en servirais que pour t'ôter la vie.

ZÉTHUS, à *Ériphile.*

Sauve tes jours en m'arrachant la vie.

ÉRIPHILE.

Non, je dois mourir avec vous.

ANTIOPE.

Le trépas à ce prix te semblerait trop doux.

Des enfants de Léda je reconnais le temple;

Ces murs sacrés que je contemple

Réveillent ma fureur, égarent mes esprits;

O mes fils, mes chers fils!

*AIR.*

Je crois la voir encor, cette image sanglante,

Que réveille à mes yeux ce fatal monument!

Je retrouve partout l'éternel aliment

De ma douleur toujours présente.

Trop heureuse Léda, tes fils ont des autels:

Mes enfants ont péri... les tiens sont immortels!

Hélas! comme toi je fus mère,

J'ai connu ces transports dont s'enivre ton cœur;

Au berceau de mes fils amante solitaire,

De leur premier souris j'ai goûté la douceur.

En vain j'avais offert ma vie

Pour sauver leurs jours précieux,

Un tyran dans sa rage impie

A versé le pur sang des dieux!

Je crois revoir encor cette image sanglante,

Que réveille, etc.

Amazones, qu'on les immole!

(*Les Amazones se pressent autour de Zéthus et d'Amphion,*
*qui vont se placer auprès du temple, dans l'attitude du*
*groupe de Castor et de Pollux.*)

ZÉTHUS, à *Amphion.*

Je meurs entre tes bras ; cet espoir me console ;
Mais Ériphile... !

ÉRIPHILE.

Va, je ne crains que pour toi,
Et, malgré leur fureur, je dispose de moi.

( *Les Amazones vont se placer par groupes à quelque dis-*
*tance, tirent des flèches de leurs carquois, et paraissent,*
*en écoutant Amphion, oublier leur projet homicide.* )

AMPHION.

Le ciel, ami de notre enfance,
·Nous donna le même berceau ;
Il comble enfin notre espérance ;
Nous aurons le même tombeau.

*ENSEMBLE.*

| AMAZONES | ANTIOPE. |
|---|---|
| De nos cœurs inflexibles | Quels charmes invincibles |
| Soutenons la fureur ; | Remplacent mes fureurs ? |
| Montrons-nous insensibles | De mes yeux insensibles |
| A ces chants de douleur | Je sens couler des pleurs |

AMPHION.

Au moment d'expirer, que ma voix se ranime ;
Jupiter, que ton nom sublime
Remplisse la terre et les cieux !

ANTIOPE, *avec exaltation.*

Jupiter, que ton nom sublime
Remplisse la terre et les cieux !

AMPHION.

Vers toi mon ame triomphante
A pris son vol audacieux ;
Et les derniers accents de ma lyre mourante
Sont dignes du maître des dieux.

AMAZONES.

(*Amazones, avec une expression affaiblie.*)

De nos cœurs inflexibles
Rappelons les fureurs.

ANTIOPE.

Quoi! mes yeux insensibles
Sont noyés dans les pleurs!

ZÉTHUS.

Bergers, dont l'amitié tendre
Nous tint lieu de parents à nos vœux inconnus,
Venez recueillir la cendre
D'Amphion et de Zéthus.

ANTIOPE.

Par un trouble secret que je ne puis comprendre
Tous mes sens sont agités.

AMAZONES.

Frappons...

ÉRIPHILE.

Zéthus!

AMPHION, ZÉTHUS.

O mon frère!

ANTIOPE, *courant à eux.*

(*aux Amazones.*)

Arrêtez.

(*à Amphion.*)

Vous ignorez à qui vous devez la lumière?

AMPHION.

Le ciel nous envia les doux soins d'une mère

ANTIOPE.

Sur quels bords, en quels lieux
S'écoula votre enfance?

ZÉTHUS.

Sur le mont Cythéron.

ANTIOPE.

Grands dieux!

Il se pourrait... O divine espérance!
Pourquoi quitter l'asile où vous fûtes nourris?

AMPHION.

Nous fuyions de Lycus l'implacable vengeance.

ANTIOPE.

De mon père...! O destin! me rendez-vous mes fils?

ZÉTHUS, AMPHION.

Qu'entends-je?

ÉRIPHILE.

Vous seriez...

ANTIOPE.

Leur mère;
J'en crois mon cœur et le ciel qui m'éclaire.

CHŒUR D'AMAZONES *du second acte.*

Souvenez-vous de vos serments;
   Libres des nœuds vulgaires,
   Dans nos enfants,
Dans nos époux, et dans nos frères,
Nous punissons tous nos tyrans.
   Qu'ils périssent!

( *Elles vont pour lâcher leurs flèches; Antiope et Ériphile
se jettent au-devant, et garantissent Amphion et Zéthus.*)

ANTIOPE.

*AIR.*

Non, cruelles,
Vous n'accomplirez pas ce forfait odieux;
Non, vos mains criminelles

Ne se baigneront pas dans le sang de nos dieux.

Aux cris douloureux d'une mère

Laissez fléchir votre colère;

Ce sont mes fils que je défends !

Jugez de mes tourments, que votre cœur ignore,

Votre reine, Antiope, à genoux vous implore :

Rendez-moi mes enfants !

AMAZONES.

Qu'ils périssent !

ANTIOPE.

Eh bien ! frappez donc votre reine;

Seule je défendrai leurs jours.

ZÉTHUS, AMPHION.

O divine bonté !

JEUNES AMAZONES; *elles passent du côté de la reine.*

De notre souveraine

Nous défendons les jours.

AMAZONES.

La résistance est vaine,

De notre juste haine

Rien ne peut arrêter le cours.

AMPHION, ZÉTHUS, THÉBAINS, AMAZONES.

Brisez, brisez nos chaînes.

Brisons, brisons leurs chaînes.

ANTIOPE, ZÉTHUS, *à la tête des Thébains et de quelques Amazones.*

Braves guerrières, suivez-nous.

AMAZONES.

Perfides, tombez sous nos coups.

( *Au moment où les deux partis vont en venir aux mains,*

*le ciel s'obscurcit, le tonnerre gronde, et des nuages épais*
*enveloppent les combattants. )*

CHOEUR GÉNÉRAL.

Quel bruit épouvantable
Trouble la paix des airs !
Quelle nuit effroyable
S'étend sur l'univers !

AMPHION.

Reconnaissez d'un dieu la majesté suprême.
Mortels, prosternez-vous, c'est Jupiter lui-même!

# SCÈNE IV.

LES MÊMES, JUPITER, *porté sur les nuages.*

JUPITER.

« Amazones, Peuple thébain,
« Relevez vers le ciel vos têtes prosternées ;
« De l'Olympe le souverain
« Vient lui-même fixer vos belles destinées.
Vos enfants, Antiope, à vos vœux sont rendus;
J'atteste en ce moment leur naissance divine :
Mais à l'univers leurs vertus
Ont déja révélé leur céleste origine.
Héroïnes, guerriers, à ma voix réunis,
Abjurez vos haines cruelles;
Par des promesses solennelles
Consacrez aujourd'hui l'empire de mes fils.
« Amphion de ces murs doit fonder la puissance;
« Secondez ses heureux travaux;
« De la beauté, de la vaillance,

« Dans le sein de la paix formez les nœuds si beaux,
    « Et que cette grande alliance
  « Annonce au monde un peuple de héros.
    Dans cette Thèbes fortunée,
Que protège à jamais l'objet de mon amour,
    Jupiter élève en ce jour
    Le premier temple à l'Hyménée.

(*Jupiter disparaît, et les nuages en se dissipant laissent voir le temple de l'Hymen dans toute sa pompe.*)

CHŒUR GÉNÉRAL.

Du destin qui nous est offert
    Conservons la mémoire,
    Et méritons la gloire
    Que nous promet Jupiter.

*QUATUOR.*

ANTIOPE.

Je retrouve mes fils ! jour à jamais prospère !

AMPHION, ZÉTHUS.

Quel bonheur nous attend dans les bras d'une mère !

ANTIOPE.

Contre mon cœur je presse mes enfants.

AMPHION ET ZÉTHUS.

Antiope !... ma mère !
Ériphile !... mon frère !

*ENSEMBLE.*

Que de maux oubliés dans nos embrassements !
    Sur votre cœur vous pressez vos ⎫
    Contre mon cœur je presse mes ⎭ enfants.
    D'un bien acquis par tant de larmes,
    Goûtons la divine faveur ;
    Embellissons notre bonheur

Du souvenir de nos alarmes.

ANTIOPE, *à Zéthus.*

Mon fils, la nature en ce jour
En recouvrant ses droits connaît ceux de l'amour.

( *Elle lui présente la main d'Ériphile.* )

ZÉTHUS, *à Ériphile.*

Zéthus te consacre sa vie.

ÉRIPHILE, *à Zéthus.*

Tu lis dans mon ame ravie.

*ENSEMBLE.*

O doux embrassements !

Contre mon cœur je presse mes ⎫
Sur votre cœur vous pressez vos ⎭ enfants.

ENSEMBLE, *avec le chœur.*

D'un bien acquis par tant de larmes,

Goûtons ⎫
Goûtez ⎭ la divine faveur;

Du souvenir de ⎧ nos ⎫ alarmes
⎩ vos ⎭

Embellissons notre ⎫
Embellisez votre ⎭ bonheur.

ANTIOPE.

( *Elle conduit Zéthus et Ériphile à celui des autels qui se trouve au milieu du temple.* )

A l'autel d'Hyménée,
Par une chaîne fortunée,
Unissez-vous, tendres amants;
Et vous, mes compagnes fidèles,
Imitez ces charmants modèles,
Allez répéter leurs serments.

CHOEUR.

Imitons ces charmants modèles,
Allons répéter leurs serments.

( *Les différents couples de Thébains et d'Amazones s'ap-*
*prochent des autres autels distribués autour de l'autel*
*principal. D'autres groupes forment des danses dont*
*l'objet doit être de montrer la fierté des Amazones désar-*
*mée par l'Amour et par les plaisirs.* )

AMPHION *prend sa lyre, et détermine par ses chants celles*
*qui balancent encore.*

HYMNE.

« Que des rives où naît l'aurore
« Zéphire exhale les odeurs ;
« Que la nature se décore
« De ses plus riantes couleurs !
« Vénus sort de l'humide plaine ;
« Le monde, à l'aspect de sa reine,
« Élève un temple à la beauté ;
« Mortels, partagez mon délire,
« Apollon m'a prêté sa lyre ;
« Je chante la volupté ! »

THÉBAINS.

( *Ils détachent les cuirasses des Amazones, qu'ils rempla-*
*cent par des ceintures de fleurs.*)

Pourquoi, dans les alarmes,
Chercher de périlleux honneurs ;
Amazones, vos charmes,
Libres du poids des armes,
Seront plus sûrs d'être vainqueurs.

AMAZONES.

Libres du poids des armes,

Cherchons loin des alarmes
Des succès plus flatteurs.

THÉBAINS, *aux genoux des Amazones.*

A tant de graces, tant de charmes,
Qu'il est doux de rendre les armes !

THÉBAINS, *remplaçant les casques des Amazones par des
couronnes de myrte.*

Partagez avec les héros
La gloire qui vous est si chère ;
Réservez à nos fronts le laurier de Délos,
Gardez le myrte de Cythère.

AMAZONES.

Cédons le laurier de Délos,
Gardons le myrte de Cythère.

CHOEUR FINAL.

Au sein de la félicité,
Amants heureux qu'hymen engage,
Recevez le prix du courage
Des mains de la beauté.

( *Fête générale.* )

FIN DU TROISIÈME ACTE.

# NOTES ANECDOTIQUES.

Cette pièce, contre laquelle se forma, pour ainsi dire, une conspiration des plus singulières circonstances, eut cependant quelque succès. Sa conception toute mythologique, le soin que demandait la mise en scène, la nouveauté d'une armée de femmes, l'apparition de toutes les divinités du ciel, des enfers, de la terre, et des eaux, les ressorts dramatiques empruntés à la fable, la difficulté imposée au compositeur, qui devait réaliser les prestiges que l'imagination attribue à la lyre d'Amphion, tout concourait à rendre cet ouvrage d'une extrême difficulté d'exécution.

Peut-être est-il plus sage de ne pas chercher à produire sur la scène des merveilles que l'esprit humain a depuis long-temps adoptées, et qu'il agrandit selon son caprice. La moindre circonstance, le plus léger événement désenchante le spectateur, et détruit l'illusion. C'est ce qui arriva dans *les Amazones.* Le célèbre compositeur Méhul qui mit en musique cet opéra, au milieu des richesses de l'harmonie la plus brillante et de la mélodie la plus suave, fit la même faute où tomba Grétry dans le *Jugement* de *Midas.* Si le grand air d'Apollon, dans ce dernier ouvrage, fut jugé peu digne du dieu de l'harmonie, l'air d'Amphion, dans les *Amazones*, ne fut pas accueilli plus favorablement.

Tous ceux qui connaissent les ressources et les besoins de la scène lyrique, n'ignorent pas qu'il est, dans chaque ouvrage, une situation principale de laquelle dépend ordinairement le succès de la pièce entière. C'était précisément sur le chœur d'Amphion enchaîné par les Amazones au sommet d'un rocher, qu'étaient fondés la péripétie et le dénouement surnaturel de mon drame. Le danger imminent où se trouvait Amphion cédait aux charmes et à la puissance de ses accents ; pour l'entendre, l'Olympe s'abaissait vers la terre ; les satyres, les faunes, les égipans, sortaient de leurs forêts ; les nymphes des bois, des eaux, des rochers, abandonnaient leurs retraites, et venaient rendre hommage au demi-dieu qui les enivrait d'une volupté inconnue.

La composition la plus brillante, la plus originale, la plus hardie, aurait à peine suffi pour motiver une pareille situation. Méhul en sentit la difficulté. Il travailla beaucoup ce morceau capital : sa tête fatiguée lui refusa ses inspirations ordinaires : un nocturne peu remarquable, orné d'accompagnements sans effet, permit aux auditeurs de remarquer que l'émule d'Amphion était resté beaucoup au-dessous de lui-même, dans cette scène dont le mouvement rapide et compliqué demandait tout l'emploi et toutes les ressources de son admirable talent.

Jupiter dans cette soirée conspirait aussi contre moi. Un acteur, nommé Bertin, dont on n'a point encore oublié la figure tragique et la voix sonore, remplissait ce rôle, et devait venir, dans sa gloire, terminer les peines de mon héros. Par un fâcheux contre-temps, le roi des cieux s'oublia dans la coulisse. Le signal est donné, la gloire descend, mais le trône de Jupiter est vide : à cet aspect un rire inextinguible circule dans toute la salle, atteint l'auteur lui-même, et la pièce s'achève dans les transports d'une gaieté tout-à-fait inconvenante.

Je me félicitais d'avoir le premier introduit sur la scène de l'Opéra cette armée de femmes, qui depuis a été reproduite avec tant de succès. L'effet neuf et piquant que j'en avais d'abord obtenu, sembla se détruire lorsque ces guerrières saisirent sérieusement l'épée et la lance pour aller combattre. On ne voulut pas s'accoutumer à regarder comme des héroïnes meurtrières les figurantes de l'Opéra. Le sort de mes deux héros thébains couverts de fer, et au moment d'être égorgés par des mains trop délicates, inspira beaucoup moins de crainte et d'intérêt que je ne l'avais espéré.

Malgré tant de contrariétés, cet opéra, dont la partition offrait des beautés de premier ordre, obtint un succès d'estime qui ne pouvait manquer de devenir un succès de vogue à la reprise, si Méhul, atteint de la maladie cruelle qui ne tarda pas à le conduire au tombeau, avait eu le temps d'achever les changements dont il avait senti la nécessité.

Madame Branchu, s'était déja montrée dans plusieurs rôles la rivale de madame Saint-Huberty; elle se surpassa elle-même dans le rôle d'Antiope; jamais peut-être, sur aucun théâtre, l'amour maternel ne fit entendre des accents plus tendres et plus passionnés.

# LES ABENCERAGES,

## OPÉRA

### EN TROIS ACTES,

REPRÉSENTÉ POUR LA PREMIÈRE FOIS SUR LE THÉATRE DE
L'ACADÉMIE DE MUSIQUE, LE 6 AVRIL 1813.

# PRÉAMBULE HISTORIQUE.

Dans aucun ouvrage Florian n'a fait preuve d'autant de connaissances positives, d'un esprit plus juste et plus étendu, d'un style aussi ferme et aussi pur, d'une élégance aussi soutenue, que dans le *Précis historique sur les Maures de Grenade*, qui sert de préambule à son roman de Gonzalve de Cordoue.

Il a su réunir en un petit volume, et présenter avec beaucoup de clarté, et sous des couleurs brillantes, tout ce que les Arabes et les Espagnols, *Mariana, Garibai, Ferreras, Zurita, Hidjazi, Pérez de Hita, Bilnalrabie, Marmal, Novaïri, Mogrebi, Roderic de Tolède*, ont écrit de mémorable et d'intéressant sur les annales et les mœurs de l'un des peuples les plus étranges qui aient passé sur la terre. Plus heureux, en essayant de se conformer à la vérité historique, que lorsqu'il a voulu l'orner de fictions, Florian n'a trouvé dans aucune de ses créations romanesques la source d'un intérêt aussi puissant que celui qui anime son *Précis historique sur les Maures*.

Rarement, il est vrai, un écrivain fut-il aussi bien servi par le sujet de son choix. La magnificence orientale et la chevalerie chrétienne, mêlées et confondues dans les mœurs de ces Arabes d'Europe, offrent à chaque pas les tableaux les plus merveilleux et les plus intéressants. A ces nuances d'une sensibilité délicate qui distinguaient les habitudes chrétiennes, se joignaient la férocité africaine, la splendeur asiatique, la volupté naturelle sous un soleil ardent, l'amour des arts, au milieu du plus beau pays du monde, au sein de palais enchantés et de paysages enchanteurs.

L'alliance de la fureur, de la vengeance, des passions fé-
roces, avec la galanterie, l'amour, la mélancolie, la poésie
et les arts ; cet assemblage, unique dans l'histoire des peu-
ples, formait le caractère principal des Maures. Ainsi, pour
parler leur langage, « l'aigle-vautour de l'Arabie s'élance,
« sanglant encore, du sein des roses de l'Yémen où il a placé
« son aire. »

J'avais lu le *Précis de Florian* ; j'avais cherché d'autres
vestiges des mœurs grenadines dans le roman de *Pérez de
Hita*, traduit par M. Sané, et dans un fort bon ouvrage dû
au père de Chénier le tragique ( *Recherches historiques sur
les Maures*). Frappé de l'éclat et de l'intérêt qui environnent
cette nation, placée, pour ainsi dire, sur les confins des
mœurs orientales et chevaleresques, et participant également
ment aux beautés et aux défauts des héros asiatiques et des
héros de l'Arioste et du Tasse, je cherchai dans les annales
mauresques un événement notable qui pût fournir matière
à un opéra, et me permettre de transporter sur la scène
lyrique ces tableaux pleins de mouvement, de charme, et
d'originalité, qui m'avaient séduit dans l'histoire.

Une loi du royaume de Grenade, à l'époque où les
Maures en étaient encore les maîtres, condamnait à mort
le général sous le commandement duquel l'étendard de
l'empire tombait aux mains des ennemis. Cette perte devait
être regardée comme le plus grand des malheurs chez un
peuple qui attachait à la conservation de cette bannière
sacrée l'idée de son salut et de sa gloire.

Tel est le fondement de mon drame. A cette circonstance
historique, j'ai joint la haine héréditaire qui divisait les
deux tribus des *Zégris* et des *Abencerages*. Ces deux moyens
combinés m'ont fourni l'action d'une pièce, où je me suis
attaché particulièrement à reproduire les mœurs brillantes

d'une nation dont l'établissement en Espagne pendant plusieurs siécles paraît avoir influé beaucoup sur la civilisation de l'Europe.

Je suis loin d'avoir dépassé dans cette imitation dramatique les limites de la vérité. L'imagination la plus riche et la plus brillante chercherait en vain des combinaisons plus heureuses, des contrastes plus brillants, que ne le sont les souvenirs historiques de la monarchie mauresque. L'architecture, dont cette nation nous a laissé de si étonnants modèles; sa poésie, ses tournois; rien, dans ses traditions même, ne porte l'empreinte de cette barbarie gothique qui se mêle aux souvenirs de Roncevaux et de la Table-Ronde.

Ce n'était pas seulement une imagination extravagante et gigantesque qui dictait les vers de ses poëtes et traçait le plan de ses fêtes; on est surpris d'y trouver les ingénieuses inventions d'un Benserade, au milieu de la pompe des sultans et de la magnificence guerrière des soldats de François Ier.

Ces Musulmans inventèrent les romances et les tensons, énigmes ingénieuses, qui ne peuvent naître que d'une civilisation et d'une littérature perfectionnées. Ils donnèrent aux couleurs des significations emblématiques; par-tout, chez eux, la grace et l'élégance s'alliaient à la passion, à l'esprit, et à la valeur.

C'était pourtant les mêmes hommes qui se montraient féroces comme des tigres sur le champ de bataille, et prouvaient que le sang africain circulait dans leurs veines. C'était les mêmes hommes, qui, dans les combats, mettaient leur gloire à couper habilement des têtes qu'ils attachaient à l'arçon de la selle, et qu'ils exposaient ensuite, sanglantes, sur les créneaux de leurs villes; qui se délassaient des

travaux de la guerre en déposant leurs rois; et qui se pour-
suivaient au milieu de leurs villes, avec une inimitié que
les siècles n'éteignaient pas. Cependant, amants soumis
et tendres chevaliers, ardents pour la gloire et l'amour,
seuls, dans l'histoire des hommes, ils présentent cet inex-
primable mélange de fureur et de générosité.

Tout ce qui les entourait, tout ce qui servait aux usages
de leur vie, portait ce double caractère. Leur vêtement
était élégant et guerrier: il se composait d'un doliman,
d'une ceinture avec un poignard, léger *albornos* ou man-
teau d'Afrique; ils avaient pour coiffure un turban chargé
d'or et de pierreries. Leurs femmes, « légères comme
« des colombes, petites, mais sveltes, gracieuses, séduisan-
« tes, » dit un auteur arabe, nommé Absanesi, voilaient
moins qu'elles n'indiquaient leurs formes élégantes, et je-
taient sur leurs membres délicats une tunique de lin, d'une
extrême finesse, serrée par une ceinture brochée d'or, et
semée de pierreries. Leurs cheveux tressés flottaient sur
leurs épaules. Quant à la magnificence de leurs édifices,
il est plus aisé de l'imaginer que de la décrire. Des sallons
de marbre que parcouraient des eaux pures; par-tout des
lits de repos couverts d'étoffes d'or et d'argent; des jets
d'une onde embaumée; des gerbes de vif argent, qui, du
milieu d'un bassin d'albâtre, allaient toucher l'or et l'acier
des plafonds; des myrtes et des orangers enlaçant leurs
branches odorantes, et couvrant à moitié des fenêtres où
des ornements de stuc et de mosaïque, découpés avec une
finesse étonnante, et que l'on pouvait comparer à des fes-
tons de marbre, laissaient pénétrer le jour: telles sont
quelques unes des peintures que nous ont tracées les his-
toriens de ces lieux magiques; peintures que les voyageurs
les plus sévères (Swinburne lui-même dont la véracité

n'a jamais été mise en doute) appuient de leur témoignage.

On a revu sur la scène l'un des monuments les plus célèbres de cette architecture brillante et singulière, la fameuse Cour des Lions, au milieu de laquelle se trouvait, en guise de bassin, cette coupe d'albâtre de six pieds de diamètre, et dont les formes heureuses ont été si souvent imitées. Douze lions de marbre blanc la supportaient : elle était surmontée d'une autre coupe plus petite, d'où s'élançait une grande gerbe, laquelle, retombant du premier des bassins dans le second, formait une cascade continuelle, grossie par les flots limpides qui jaillissaient de la gueule des lions.

Par une alliance ingénieuse de la poésie et de la sculpture, ces Arabes avaient trouvé le secret d'augmenter encore le charme de ce lieu. On lisait au-dessous de la cascade : « Lions, auxquels il ne manque que le souffle, eau « bouillonnante à travers des routes inconnues à l'élément « liquide, prodiges créés par le puissant Mahomet, vous « êtes les emblêmes de celui qui vous forma. Le lion d'A- « frique a moins de courage que lui. Le flot éternel de sa « bienfaisance est plus généreux encore que cette onde « qui ne tarit jamais. »

Florian critique ces vers avec trop de sévérité; on est étonné qu'il ne cite pas la pièce suivante, composée au sujet de la prise de l'Alhama, et dont le pathétique simple et profond sera aisément senti de tous les lecteurs.

## COMPLAINTE

### SUR LE SIÉGE ET LA CONQUÊTE DE L'ALHAMA.

« Le roi des Maures se promène agité; il parcourt les

« rues de Grenade ; son front triste s'abaisse ; les pleurs cou-
« lent de ses yeux ; et, de la porte d'Elvire jusqu'à celle de
« Bivarambla, il répéte sans cesse ces paroles entre-coupées
« de soupirs : *Malheur à moi ! Alhama est perdue !*

« On venait de lui apporter la fatale nouvelle. La lettre
« fut mise en pièces ; un coup de poignard frappa le messa-
« ger ; et, plein de rage, le monarque s'élança en répétant :
« *Malheur à moi ! Alhama est perdue !*

« Il erre incertain dans sa cité royale : voici l'Alhambra !
« Il entre dans son palais, Que les anafins sonnent ! Que
« les clairons retentissent ! Aux armes, aux armes ! *Mal-*
« *heur à nous ! malheur à nous ! Alhama est perdue !*

« Tambours vides et bruyants, battez l'alarme ! qu'ils
« viennent mes Maures ! Que de la plaine, que des monta-
« gnes, ils approchent, ils accourent ! Formez-vous, esca-
« drons !... vengez... hélas !... *Malheur à moi ! Alhama est*
« *perdue !*

« Il dit : un vieillard dont la barbe était longue et blan-
« che s'approcha de lui, la main étendue : *Roi !* dit-il ; *tu*
« *l'as mérité: roi ! le ciel est juste ! Malheur à toi ! Alhama est*
« *perdue !*

« *Te souviens-tu de l'heure où l'Abencerage vit périr ses der-*
« *niers fils ? Roi, te souviens-tu du massacre ? tu l'as voulu !*
« *Malheur à toi ! Alhama est perdue !*

« *Qui foule aux pieds les lois ; les lois le châtieront. Subis ta*
« *peine ! Grenade sera conquise ! ton destin commence. Mal-*
« *heur à toi ! Alhama est perdue !*

« Le feu jaillit des prunelles du vieux roi. Le sage a osé
« répondre! il a osé parler des lois. Qu'il meure; sa blan-
« che barbe ne le sauvera pas! *Malheur à lui! malheur à*
« *tous! Alhama est perdue!*

« Vieil Alfaqui! vieil Alfaqui [1]! ta tête roule, au milieu des
« flots de sang; tu as trop bien parlé des lois. La plus haute
« pierre de l'Alhambra porte cette tête sanglante! voilà
« donc la justice! *Malheur à toi! malheur à tous! Alhama*
« *est perdue!*

Avant de mourir, le vieillard a parlé. « Chevalier, noble
« femme, et toi bourreau, écoutez! Reportez au vieux roi
« mes paroles. Je le remercie! j'avais perdu la vie avant l'ins-
« tant fatal! ma fille unique était morte dans Alhama! *Mal-*
« *heur à nous! malheur à nous! Alhama est perdue!*

« Et sa tête, monument d'effroi, reste sur le faîte du pa-
« lais! et les femmes, les enfants, les vieillards, la voient
« et fondent en larmes. Le roi passe; et, avec un désespoir
« plus furieux encore, il répète : *Malheur! malheur! Alhama*
« *est perdue!* »

Ne croit on pas entendre le cri d'Auguste : *Varus rends-
moi mes légions!* Le poëte anglais Byron a imité cette vieille
ballade avec une simplicité et une énergie dignes du mo-
dèle.

[1] Chevalier.

# PERSONNAGES.

| | |
|---|---|
| ALMANZOR, général maure, de la tribu des Abencerages. | MM. NOURRIT. |
| ALEMAR, visir, de la tribu des Zégris. | DÉRIVIS. |
| GONZALVE DE CORDOUE, général espagnol. | LAVIGNE. |
| KALED, officier maure, chef de la tribu des Zégris. | LAFOREST. |
| ALAMIR, confident d'Alemar, de la même tribu. | DUPARC. |
| OCTAÏR, porte-étendard du royaume de Grenade. | ALEXANDRE. |
| ABDERAME, chef du conseil des vieillards. | BERTIN. |
| UN HÉRAUT D'ARMES. | HENRARD. |
| NORAÏME, princesse du sang royal. | Mᵐᵉ BRANCHU. |
| ÉGILONE, suivante de Noraïme. | Mˡˡᵉ J. ARMAND. |

ABENCERAGES, ZÉGRIS, ESPAGNOLS, TROUBADOURS, PEUPLE DE GRENADE.

La scène se passe à Grenade, dans l'Alhambra (palais d
rois maures), vers le milieu du quinzième siècle, sous l
règne de Muley-Hassem.

# LES ABENCERAGES,

## OPÉRA.

~~~~~~~~~~~~~~~~~~~~~~~~~~~~~~~~~~~~~~~~~~~~~~~~

## ACTE PREMIER.

———

Le théâtre représente une galerie extérieure de l'Alhambra ;
on voit à droite le pavillon qu'habite Noraïme.

## SCÈNE I.

### ALEMAR, KALED, ALAMIR.

*TRIO.*

KALED, à *Alémar.*

Son triomphe s'apprête :
Vous ne frémissez pas ?

ALAMIR.

Quelle odieuse fête !
Je ne la verrai pas.

ALEMAR, *avec ironie.*

Son triomphe s'apprête !

ALAMIR, KALED.

Nous ne le verrons pas.

KALED.

Celui dont l'orgueil nous opprime
De nous va triompher encor.

ALAMIR.

La belle Noraïme

Devient l'épouse d'Almanzor. .

KALED.

Cet insolent Abencerage
L'emporte sur les fiers Zégris :
De la noblesse et du courage
Le roi lui décerne le prix.

*ENSEMBLE.*

| KALED, ALAMIR. | ALEMAR. |
|---|---|
| Son triomphe s'apprête : | Son triomphe s'apprête : |
| Vous ne frémissez pas? | L'abyme est sous ses pas. |
| Quelle odieuse fête ! | Croyez-moi, cette fête |
| Je ne la verrai pas. | Ne s'achèvera pas. |

KALED.

Se peut-il qu'Alemar oublie
Que Noraïme est du sang de nos rois?

ALAMIR.

Que si leur attente est remplie
A son époux elle apporte ses droits?

ALEMAR.

Quoi! vous me connaissez, et vous paraissez craindre
Que j'abjure jamais mon fier ressentiment?
  A tous les yeux forcé de feindre,
Je puis avec vous seuls m'expliquer librement.
Amis, je suis Zégris; ma haine est immortelle :
Je hais dans Almanzor jusques à ses vertus.
Dès long-temps la Discorde a sur nos deux tribus
Versé tous les poisons de sa bouche cruelle.
    Cherchant la gloire et les combats
    Tandis que sur d'autres rivages
  Muley-Hassem de ses Abencerages
    Conduit l'élite sur ses pas,
    Grenade, pendant son absence,

Reconnaît mon autorité;
Mais d'un roi soupçonneux l'inquiète prudence
Ne me laissa qu'un pouvoir limité.
Le conseil des vieillards me surveille et m'obsède.

ALAMIR.

Ainsi ton courage lui cède?

KALED.

Pour l'hymen d'Almanzor les autels sont parés;
Et d'une trève glorieuse
Les garants les plus assurés
Promettent à l'amour une journée heureuse.

ALEMAR.

L'Abencerage ici n'a-t-il point de rivaux?
Faut-il plus d'un moment pour rallumer la guerre?
Octaïr, le gardien du plus saint des dépôts,
De l'étendard sacré que Grenade révère,
Octaïr troublera la fête du héros...

KALED.

On vient...

ALEMAR.

Sortons : je prétends vous instruire
D'un dessein que j'ai su conduire,
Et qui peut de l'hymen attrister les flambeaux!

( *Ils sortent tous trois.*

# SCÈNE II.

### ALMANZOR *seul.*

#### *A I R.*

Enfin j'ai vu naître l'aurore !
Le soleil éclaire ces lieux,
Ces lieux où tout ce que j'adore
Va bientôt enchanter mes yeux !
Que l'air est pur ! que la nature est belle !
Noraïme, mon cœur fidéle
Croit s'enivrer de ses attraits ;
Mais en toi seule est sa puissance,
Et le charme de ta présence
Se répand sur tous les objets.

# SCÈNE III.

### NORAÏME, ALMANZOR, EGILONE; FEMMES DE LA SUITE.

### ALMANZOR *allant au-devant de Noraïme, qui sort du palais.*

Fille des rois, ma tendre impatience
Guide mes pas dans ce séjour ;
J'y réclame à tes pieds les serments de l'amour :
Confirme d'un regard ma timide espérance.

### NORAÏME.

Un monarque adoré,
En m'imposant sa loi suprême,
Par mon cœur en secret fut sans doute inspiré :

Jugez de mon bonheur extrême ;
Il m'unit au héros que j'aime,
Et d'un plaisir si pur fait un devoir sacré.

*DUO.*

Qu'il est doux de pouvoir se dire :
La gloire autorise mon choix !
Ce guerrier que l'Espagne admire,
L'honneur, le soutien de l'empire,
L'hymen l'enchaîne sous mes lois !

ALMANZOR.

Qu'il est doux de pouvoir se dire :
L'univers envierait mon choix !
La beauté que l'Espagne admire,
L'amour, l'ornement de l'empire,
M'enchaîne sous ses douces lois !

NORAÏME.

A mes vœux tout rit, tout conspire :
D'où vient qu'une vaine terreur
Agite et tourmente mon cœur ?

ALMANZOR.

D'où naît le trouble de ton cœur ?

NORAÏME.

Des fiers Zégris la jalousie
Me cause un invincible effroi.

ALMANZOR.

Mon bonheur afflige l'envie.

NORAÏME.

Elle peut s'armer contre toi.
D'Alemar tu connais la haine ?

ALMANZOR.

Il en abjure les transports.

NORAÏME.

Du roi la volonté l'enchaîne ;
Il dissimule avec efforts.

ALMANZOR.

Noraïme, amante adorée,
Souris à ton heureux époux,
Et, de ta crainte délivrée,
Abandonne ton cœur au charme le plus doux.

NORAÏME.

Oui, de ma crainte délivrée,
J'abandonne mon cœur au charme le plus doux.

ENSEMBLE.

Qu'il est doux de pouvoir se dirè :
L'univers envierait mon choix !
J'enchaîne sous mes douces lois,
L'amour, l'ornement de l'empire !

# SCÈNE IV.

### LES MÊMES, KALED.

KALED.

Paraissez ; Alemar attend le couple heureux :
      A sa voix appelées,
      Nos tribus assemblées
Pour fêter votre hymen ont préparé leurs jeux.
Gonzalve est dans nos murs ; il amène à sa suite
Des guerriers espagnols une brillante élite.

ALMANZOR.

      La paix amène dans ces lieux
      Ce guerrier ami de la gloire !
Gonzalve à qui mon bras disputa la victoire !

Le ciel en un seul jour a comblé tous mes vœux.

( *Ils sortent.* )

# SCÈNE V.

*( Le théâtre change, et représente la Cour des Lions. Le peuple entoure de fleurs deux jeunes palmiers qu'il vient de planter, et achève les préparatifs de la fête.)*

### CHOEUR ET DANSES.

Que l'amitié, que l'hymen vous rassemble :
    Pour embellir ce beau séjour,
    Vivez, croissez, brillez ensemble,
Riants palmiers, doux arbres de l'amour.
        Que Zéphyr sans cesse
        Agite, caresse,
        Vos jeunes rameaux;
        Et sous leur verdure
        Qu'une source pure
        Épanche ses eaux.
        Gages des conquêtes
        Qu'appellent nos vœux,
        Soyez de nos fêtes
        Les témoins heureux;
        Que vos nobles têtes
        S'élèvent aux cieux.
    Ombragez d'un riant feuillage
    Deux époux, l'honneur de ces lieux;
    Et puissent nos derniers neveux
    Se reposer sous votre ombrage !

# SCÈNE VI.

*( Les danses sont interrompues par l'arrivée du cortège:*
Gonzalve, almanzor, *Espagnols de la suite de Gon-*
*zalve;* Abencerages, Zégris, Noraïme, Egilone,
*femmes de la suite de Noraïme;* Abderame, Alemar,
Kaled, Alamir, peuple, écuyers, *etc., etc.)*

### CHOEUR.

Palais des rois, noble séjour,
Retentissez des chants de l'alégresse!
 A la plus aimable princesse
 Adressons nos vœux, notre amour.

### GONZALVE.

Braves Zégris, nobles Abencerages,
La beauté, la vaillance, en tous lieux ont des droits:
 Aux pieds de la fille des rois
 Gonzalve apporte les hommages
Du monarque puissant qui nous donne des lois.
 Pour prix de l'auguste ambassade
 Dont il m'a confié l'honneur,
Je revois désarmé le héros de Grenade;
 Je suis témoin de son bonheur.

### AIR.

Poursuis tes belles destinées,
Honneur des preux, jeune héros!
Que le plus doux des hymenées
Couronne tes nobles travaux.
Des guerriers le plus magnanime
Devait obtenir ce trésor;

L'amour inspirait Noraïme,
La gloire nommait Almanzor!

ALMANZOR.

Gonzalve, dans ce jour paisible
Qu'en ma faveur le ciel a voulu signaler,
Au dernier de mes vœux s'il se montre sensible,
Nos ennemis doivent trembler:
Te surpasser est impossible;
Mais Almanzor aspire à t'égaler.

*ENSEMBLE.*

| ALMANZOR, GONZALVE, NORAÏME, ABENCERAGES. | KALED, ZÉGRIS. |
|---|---|
| Laissons respirer la victoire, | Pour nous quelle indigne victoire |
| Volage amante des guerriers; | A réuni ces deux guerriers! |
| Que l'hymen, conduit par la gloire, | Son hymen insulte à la gloire, |
| Se repose sur des lauriers. | Et va flétrir tous nos lauriers. |

ALEMAR, *aux Abencerages.*

Laissons reposer la victoire;

( *bas, aux Zégris.* )

Ranimez vos transports guerriers.

( *aux Abencerages.* )

L'hymen vient s'unir à la gloire;

( *bas, aux Zégris.* )

Il flétrirait tous vos lauriers.

ABDERAME.

Peuple, de l'hymen qui s'apprête
Que ▉▉▉ chants, que vos jeux, solennisent la fête!

( *Tout le monde prend place; les jeux commencent par des
danses, auxquelles succède le pas nommé des Roseaux* [1].

[1] Le pas des Roseaux était une danse nationale chez les Maures d'Espagne.
Tous les historiens en font mention; elle est décrite dans l'*Histoire chevaleresque
des Maures de Grenade*, de Ginès Perès de Hita, traduite par M. Sané.

*Entrée des troubadours provençaux et des jongleurs qui marchent à leur suite.* );

### PREMIER TROUBADOUR.

Aux rives du Daro qui roule un sable d'or,
Le troubadour au son de la harpe amoureuse
   Mêle sa voix harmonieuse;
Il chante Noraïme, amante d'Almanzor.

### CHŒUR DES TROUBADOURS.

   Guerriers, aux palmes de la lyre
   Joignez vos lauriers fraternels;
   Aimez le dieu qui nous inspire:
   Nos chants vous rendent immortels.

( *Danse de jongleurs qui marchent à la suite des trou-*
*badours.* )

### PREMIER TROUBADOUR.
#### *ROMANCE.*

Vous qui n'aimez rien sur la terre,
Vos noms passeront sans retour;
Que je plains le cœur solitaire!
Il vit sans gloire et sans amour.
O vous qui d'une ardeur extrême,
Comme nous, les cherchez tous deux,
Soyez vaillants pour qu'on vous aime,
Soyez constants pour être heureux.

### CHŒUR DES TROUBADOURS.

Soyez, etc.

### PREMIER TROUBADOUR.

Voyez-vous la flamme céleste,
Elle brille au front du héros;
La vierge timide et modeste
Va couronner des feux si beaux.

Jeunes amants, du bien suprême
Vous jouirez un jour comme eux;
Soyez vaillants pour qu'on vous aime,
Soyez constants pour être heureux.

CHŒUR DES TROUBADOURS.

Soyez vaillants, etc.

(*Continuation de la danse et des fêtes; danses des trouba-*
*dours provençaux, espagnols, etc.*)

# SCÈNE VII.

### LES MÊMES, OCTAÏR.

ALMANZOR.

Que nous veut Octaïr?

NORAÏME.

Je frissonne à sa vue.

OCTAÏR.

Un envoyé du camp royal
De la guerre à l'instant rapporte le signal.
Jaën est menacée, et la trève est rompue.

CHŒUR GÉNÉRAL.

O ciel!

(*Cette nouvelle est suivie d'un moment de silence pendant*
*lequel les Zégris se réunissent sur un des côtés du théâ-*
*tre, et paraissent méditer quelque dessein secret. Octaïr,*
*Kaled et Alamir sont auprès d'Alemar vers le milieu de*
*la scène. Gonzalve, les Espagnols, les troubadours, se*
*rassemblent du côté opposé aux Zégris; Almanzor et*
*les Abencerages se trouvent entre les Espagnols et*
*Alemar.*)

*ENSEMBLE.*

| ESPAGNOLS, GONZALVE, TROUBA-<br>DOURS, *entre eux.* | ZÉGRIS, OCTAÏR, KALED, ALAMIR.<br>*entre eux.* |
|---|---|
| J'aperçois leurs affreux desseins. | Rendons nos succès plus certains ; |
| Des Zégris la perfide rage | Le sort nous en offre le gage. |
| Dans le piége ici nous engage ; | Gonzalve est pour nous un otage : |
| Mais nous sortirons de leurs mains. | Doit-il sortir d'entre nos mains ? |

| ALMANZOR, ABENCERAGES. | ALEMAR, *à Octaïr.* |
|---|---|
| J'aperçois.<br>Nous voyons } leurs affreux desseins ; | Leur projet nuit à nos desseins. |
| Mais nous sommes Abencerages, | Apaisez ce premier orage : |
| Et les Espagnols sans outrages | Pour mieux achever notre ouvrage, |
| Doivent échapper de leurs mains. | Laissons-le sortir de nos mains. |

( *Octaïr et Kaled pendant la ritournelle parlent bas aux*
*Zégris.* )

ALMANZOR, *d'un ton solennel.*

Aux combats la patrie appelle
Des deux côtés ses nobles fils ;
Répondons à sa voix fidéle,
Mais en généreux ennemis.

ALEMAR.

Nous dédaignons une gloire commune
Et des droits qu'en ce jour nous donne la fortune ;
Gonzalve, contre toi nous n'abuserons pas.
Retourne dans ton camp, nous y suivrons tes pas.

ABDERAME.

De nos vrais sentiments Alemar est l'organe.

LES ZÉGRIS, *à part.*

Apaisons-nous ;
Contraignons un courroux
Que le visir condamne.

GONZALVE.

Adieu, noble Almanzor :
Nous nous verrons au milieu des batailles ;

Et puissions-nous dans ces murailles,
L'olivier à la main, nous retrouver encor!
   De Noraïme à la cour d'Isabelle
Je dirai les vertus, les graces, les appas;
Je rends à la beauté mon hommage fidèle,
Je voue à sa défense et mon cœur et mon bras.

ESPAGNOLS, TROUBADOURS, *en sortant.*
Marchons au champ de la victoire,
L'espoir nous attend au retour.
L'amour récompense la gloire,
Et la gloire embellit l'amour.

( *Gonzalve, les Espagnols, et les troubadours sortent :
Kaled les suit.* )

# SCÈNE VIII.

LES MÊMES, *excepté Gonzalve, Kaled, les troubadours, les
Espagnols.*

ALEMAR.
L'ennemi vers Jaën dirige son armée;
Prévenons-le, marchons vers la ville alarmée,
Et d'un coup imprévu punissant l'agresseur,
Cette nuit dans son camp répandons la terreur.
Almanzor, cet exploit réclame ta vaillance.
ALMANZOR.
   Visir, je réponds du succès;
      Que nos guerriers soient prêts,
   La victoire suivra ma lance.
*FINALE.*
Armez-vous, enfants d'Ismaël.

OCTAÏR, *au visir, bas.*

Songe à notre vengeance.

ALEMAR, *bas, à Octaïr.*

A sa perte il s'avance.

NORAÏME.

O moment trop cruel !

Étouffons nos soupirs, dévorons ma souffrance.

KALED, *qui entre, bas, au visir.*

L'avis est parvenu.

ALEMAR, *à part.*

Silence !

CHŒUR.

Suivons les pas du héros :
Le lion brise sa chaîne ;
Il s'élance dans l'arène,
Indigné de son repos.

( *Sur un signe d'Alemar, Octaïr a été prendre le drapeau de Grenade qu'il remet aux mains du visir. Celui-ci le présente à Almanzor.* )

ALEMAR.

Almanzor, en ce jour Grenade te confie
Son étendard et ses destins ;
Songe, que tu dois compte au prince, à la patrie,
Du dépôt précieux que je mets en tes mains.

ABDERAME.

Tu sais à ce gage sublime
Quels serments doivent te lier ?
Tu sais que sa perte est un crime
Que la mort peut seule expier ?

ALMANZOR.

Ce trésor, que j'emporte au milieu des batailles,

Rentrera triomphant au sein de nos murailles.

Armez-vous, enfants d'Ismaël.

*( Il remet l'étendard à Octaïr. )*

ALEMAR, *à Octaïr, bas.*

Souviens-toi...

OCTAÏR, *bas, au visir.*

Je t'entends.

NORAÏME, *regardant le visir et Octaïr avec inquiétude.*

Dieux! quel moment cruel!

ALMANZOR.

Écoutez le clairon sonore,
Le hennissement des coursiers;
Cette voix que mon cœur adore,
Aux combats appelle le Maure;
Aux armes, généreux guerriers!

CHŒUR GÉNÉRAL.

Écoutez: le clairon sonore,
Le hennissement des coursiers,
Aux combats appellent le Maure:
Aux armes, généreux guerriers!

*( Pendant ce dernier chœur, les écuyers apportent aux chefs des guerriers leurs boucliers et leurs lances. Noraïme détache son écharpe, qu'elle passe au cou d'Almanzor, qui s'agenouille devant elle. Sur le bouclier d'Almanzor est peint un lion que l'Amour enchaîne, avec cette devise, doux et terrible; sur celui de Kaled est peint un glaive, avec ces mots, voilà ma loi. Celui d'Alamir représente un roseau courbé, au-dessous duquel on lit, agité, point abattu.)*

FIN DU PREMIER ACTE.

# ACTE SECOND.

—

Le théâtre représente un appartement du pavillon
de Noraïme.

## SCÈNE I.

NORAIME, FEMMES DE LA SUITE, *dans le fond.*

NORAÏME.

Il est vainqueur ! son triomphe s'apprête,
Et ma main de lauriers va couronner sa tête.
Reviens, ah ! reviens près de moi !
Almanzor, j'ai besoin de te voir, de t'entendre
Pour calmer un reste d'effroi
Dont je veux en vain me défendre.

*AIR.*

O toi, l'idole de mon cœur
Et la gloire de ta patrie,
Hâte l'instant de mon bonheur;
Rends-moi ta présence et la vie !
Cher Almanzor,
Je tremble encor;
Viens fixer ma joie incertaine :
Mon esprit d'une image vaine
Sans cesse tourmenté,
A sa félicité
Ne s'abandonne qu'avec peine.
O toi, l'idole, etc.

( *à ses femmes.* )

Vous avez partagé mes regrets, mes soupirs,
Partagez mon bonheur, et goûtez mes plaisirs.

# SCÈNE II.

LES MÊMES, FEMMES DU PALAIS, *qui entrent.*

CHOEUR, *mêlé de danses.*

Livrez vos ⎱
Livrons nos ⎰ cœurs à l'alégresse;
D'Ismaël généreux enfants,
Partagez mon ⎱
Partageons son ⎰ heureuse ivresse.
La gloire a tenu sa promesse,
Et nos guerriers sont triomphants.

PREMIER CORYPHÉE.

De lauriers immortels leurs traces sont marquées.

SECOND CORYPHÉE.

Les drapeaux ennemis vont orner nos mosquées.

NORAÏME.

Almanzor, hâte-toi; viens délivrer mon cœur
Du souvenir cruel d'une nuit de terreur.

CHOEUR.

Livrons nos cœurs, etc.

# SCÈNE III.

LES MÊMES, ÉGILONE.

NORAÏME, *courant à Égilone*

C'est Égilone... eh.bien ! quel sinistre présage !
Explique-toi.

ÉGILONE.

Princesse, armez-vous de courage.

NORAÏME.

Almanzor ne vit plus !

ÉGILONE.

Il est victorieux ;
Et bientôt ce guerrier va paraître à vos yeux.

NORAÏME.

Que puis-je craindre encore ?

ÉGILONE.

Des malheurs trop certains,
Dont vous allez frémir, qu'un peuple entier déplore :
Le divin étendard n'est plus entre nos mains.

NORAÏME.

Que dis-tu...? je frissonne...

CHOEUR.

La gloire le couronne,
Et la mort l'environne
Au sein de ses foyers :
La loi que rien n'arrête,
A le frapper s'apprête,
Et menace sa tête
Couverte de lauriers.

ÉGILONE.

Il vient...

*( Sur un signe de Noraïme, toutes les femmes sortent. )*

# SCÈNE IV.

## NORAIME, ALMANZOR.

*DUO.*

NORAÏME, *courant à lui.*

Cher Almanzor !

ALMANZOR, *dans le plus grand désordre.*

Arrête, Noraïme,
Je ne suis plus digne de toi.

NORAÏME.

A la fortune qui t'opprime
J'oppose et mon cœur et ma foi.

ALMANZOR.

Fuis, abandonne un misérable
Que le jour, que le ciel accable.

NORAÏME.

Prends pitié de mon sort,
Calme ce désespoir extrême.

ALMANZOR.

J'espérais le bonheur suprême,
Je trouve la honte et la mort.

NORAÏME.

La honte ! au sein de la victoire ;
Tout parle en ces lieux de ta gloire,
Et je suis auprès d'Almanzor.

ALMANZOR.

J'espérais le bonheur suprême.

NORAÏME.

Va ! mon cœur est toujours le même.

ENSEMBLE.

| NORAÏME. | ALMANZOR. |
|---|---|
| L'avenir ne peut m'alarmer ; | Le trépas ne peut m'alarmer ; |
| Et toujours sûre de te suivre, | De mes tourments il me délivre : |
| En perdant le droit de t'aimer, | En perdant le droit de t'aimer, |
| Je perdrais le pouvoir de vivre. | J'ai perdu le pouvoir de vivre. |

ALMANZOR.

Tu m'aimes encor, Noraïme?

NORAÏME.

A la fortune qui t'opprime
J'oppose mon cœur et ma foi.

ALMANZOR.

J'attends mon arrêt sans effroi,
Je suis aimé de Noraïme.

ENSEMBLE.

| NORAÏME. | ALMANZOR. |
|---|---|
| L'avenir ne peut m'alarmer ; | Le trépas ne peut m'alarmer ; |
| Et toujours sûre de te suivre, | De mes tourments il me délivre : |
| En perdant le droit de t'aimer, | En m'ôtant le droit de t'aimer, |
| Je perdrais le pouvoir de vivre. | On m'ôte le pouvoir de vivre. |

NORAÏME.

Mais dans Grenade enfin quand tu rentres vainqueur,
Par quel événement funeste
Ce fatal étendard...

ALMANZOR

La colère céleste

Voile encore à mes yeux ce secret plein d'horreur ;
Et mon ame flotte incertaine ;
Cependant d'Octaïr je soupçonne la foi...

NORAÏME.

C'est l'ami d'Alemar... Il soupira pour moi...

Gardien de l'étendard... quelle clarté soudaine !
C'est lui, n'en doute pas.

# SCÈNE V.

### LES MÊMES, KALED.

#### KALED.
Organe de nos lois,
Au palais des guerriers le conseil doit se rendre ;
Almanzor, il doit vous entendre.

#### ALMANZOR.
Je vous suis.

#### NORAÏME.
Tes vertus, ta valeur, tes exploits,
Du peuple en ta faveur soulevant la justice,
Vont de tes ennemis confondre l'artifice,
Et contre leur fureur te prêteront leur voix.

#### ALMANZOR.
Oui, c'est à la victoire à défendre mes droits.

( *Ils sortent.* )

# SCÈNE VI.

*( Le théâtre change et représente la galerie des armes du palais de l'Alhambra. Les cinq vieux guerriers qui composent le conseil, entrent, suivis de leur escorte et des grands de l'empire ; ils vont prendre place sur l'estrade qui leur est préparée. )*

CHOEUR, *pendant la marche du cortège.*

| ZÉGRIS. | ABENCERAGES. |
|---|---|
| O victoire fatale ! | O victoire fatale ! |
| De la cité royale | De la cité royale |
| Tu combles le malheur : | Console la douleur : |
| L'Espagnol à sa suite | L'Espagnol à sa suite |
| Enchaîne dans sa fuite | N'entraîne dans sa fuite |
| Notre espoir, notre honneur ; | Qu'un objet de terreur ; |
| Et, vaincu par nos armes, | Et, vaincu par nos armes, |
| Il abandonne aux larmes | Ne jouit que des larmes |
| Son superbe vainqueur. | Qu'il arrache au vainqueur. |

ALEMAR.

Vénérables guerriers, l'Espagne vous contemple,
Le salut de l'empire exige un grand exemple ;
 Je le réclame avec douleur ;
 Organe d'une loi terrible,
 De son ministère inflexible
 Exercez la rigueur.

AIR.

Des cités reine triomphante,
Quel effroi trouble ton repos ?
Tu gémis confuse et tremblante ;
La patrie accuse un héros.
Nobles guerriers, sa voix sublime
Se fait entendre dans ce jour,

Et nous demande une victime
Que lui dispute notre amour.

( *Il va prendre sa place vis-à-vis les vieillards. Almanzor*
*entre accompagné d'Alamir, de Kaled, et de son écuyer,*
*qui porte ses armes.* )

ABDERAME, *chef du conseil.*

Noble et vaillant Abencerage,
Grenade, qui chérit tes vertus, ton courage,
A remis en tes mains le signe révéré,
Garant de sa puissance ;
Almanzor, tu devais mourir pour sa défense :
Qu'as-tu fait du dépôt sacré ?

ALMANZOR.

J'ai vaincu ; j'ai rempli tous les vœux de la gloire :
La nuit, témoin de ma victoire,
L'est aussi d'un malheur que je ne conçois pas.
Triomphante, l'armée entière
A salué notre sainte bannière.
Je la portais moi-même au milieu des combats :
Octaïr au retour fut commis à sa garde,
L'ombre couvrait encor les cieux ;
Nous marchons, le jour naît, j'appelle, je regarde :
Octaïr, l'étendard, rien ne s'offre à mes yeux.

ALEMAR.

Ainsi donc loin de toi pour détourner l'orage
D'un illustre Zégris tu flétris le courage,
Tu l'accuses de trahison ?

ALMANZOR.

Et peut-être plus loin je porte le soupçon !

ABDERAME.

Quelle preuve autorise un semblable langage ?

ALMANZOR.

Je n'en ai point.

ABDERAME.

En ce jour de malheurs,
Almanzor, qui peut te défendre?

# SCÈNE VII.

## LES MÊMES, ABENCERAGES.

( *Plusieurs Abencerages se présentent, tenant en main les
drapeaux et les armes conquises sur les Espagnols, et les
présentent aux vieillards.* )

CHOEUR D'ABENCERAGES.

Princes, voici les défenseurs,
Et les témoins qu'il faut entendre!

CHOEUR D'ABENCERAGES ET DE ZÉGRIS.

Voyez ces nombreux étendards,
Ces faisceaux de glaives, de dards,
    Ces armes, ces devises,
    Sur l'ennemi conquises;
{ Et sur cet amas de lauriers
{ Tout ce vaste amas de lauriers
{ Condamnez à la mort le plus grand des guerriers.
{ Est le prix glorieux du sang de vos guerriers.

ABDERAME.

Almanzor, tes juges en larmes
Partagent en ce jour la publique douleur:
Peuple, nous devons à ses armes

Nos prospérités, nos alarmes,
Nos triomphes, notre malheur :
La loi, l'honneur, et la patrie,
Imposent à nos cœurs un double engagement.
Qu'ils soient tous satisfaits : nous lui laissons la vie,
L'exil seul est son châtiment.

| ZÉGRIS. | ALAMIR, KALED. | ALEMAR. |
|---|---|---|
| Des juges la clémence Remplit notre vengeance. | Leur fatale clémence Trahit notre vengeance. | Leur funeste clémence Commence ma vengeance. |

ABDERAME.

Ma voix prononce sur ton sort ;
Du saint drapeau l'Espagnol est le maître,
De sa perte en ces lieux tout accuse Almanzor ;
Sans ce gage sacré tu n'y peux reparaître
Que pour trouver la mort.

( *Les vieillards sortent.* )

ALMANZOR, *à son écuyer.*

Suspendez à ces murs mes armes, ma bannière,
Et du sol paternel quand je vais me bannir,
Que cette voûte hospitalière
Conserve au moins mon souvenir.

ABENCERAGES.

*FINALE.*

Restez, gages de sa victoire,
Dernier de ses nombreux bienfaits :

( *aux Zégris.* )

Oui, quand vous exilez sa gloire,
Ces murs garderont sa mémoire
Et feront vivre nos regrets.

**ALMANZOR.**

*AIR.*

C'en est fait, j'ai vu disparaître
L'espoir dont j'osais me nourrir;
Lieux chéris qui m'avez vu naître,
Vous ne me verrez pas mourir [1].

Noraïme, après la patrie,
L'objet le plus cher à mes yeux,
Je te perds: mon ame flétrie
T'adresse d'éternels adieux.

Tout finit pour moi sur la terre,
Et du sort jouet malheureux,
Cette mort même que j'espère
M'attend sur la rive étrangère,
Et devient un supplice affreux.

Adieu, chers compagnons, adieu; le sort barbare
De vous m'éloigne pour jamais.

**CHOEUR.**

| ABENCERAGES. | ZÉGRIS. |
|---|---|
| Dans ce moment qui nous sépare, | Dans ce moment qui nous sépare, |
| Reçois le tribut de nos pleurs; | Nous plaignons aussi tes malheurs; |
| Le destin injuste et barbare | Et du sort le décret barbare |
| Ne peut te bannir de nos cœurs. | Des Zégris attendrit les cœurs. |

**ALEMAR, KALED, ALAMIR.**

De ce moment qui les sépare
Abrégeons les vaines douleurs;
Peut-être le sort leur prépare
Un plus juste sujet de pleurs.

[1] Chaulieu a dit:

> Beaux arbres qui m'avez vu naître,
> Bientôt vous me verrez mourir.

Ces vers sont trop connus pour qu'en les empruntant on puisse être soupçonné d'avoir voulu les prendre.

ALEMAR, à *Almanzor*.

Almanzor, le jour s'avance.

ALMANZOR.

Je vous entends; de ma présence
   Je délivre ces bords,
   Et puisse mon absence
Ne vous laisser aucun remords!

ENSEMBLE.

Dans ce moment qui nous sépare,
Reçois, etc.

ALMANZOR.

Noraïme, le sort barbare
A voulu combler mes douleurs;
Et quand son courroux nous sépare
Je ne puis essuyer tes pleurs.

( *Almanzor sort avec les Abencerages.* )

# SCÈNE VIII.

ALEMAR, KALED, ALAMIR, ZÉGRIS.

ALEMAR, *aux Zégris, après la sortie d'Almanzor.*

Les Zégris sont vengés, et de tant d'arrogance
L'orgueilleux Almanzor reçoit la récompense;
Je le connais, j'ai lu son espoir dans ses yeux;
Qu'il tremble, mes regards le suivront en tous lieux.

CHŒUR FINAL.

Grenade est libre; à l'espérance
Ouvrons nos cœurs, livrons nos vœux.
A la victoire, à la vengeance
Nous consacrons ce jour heureux.

Cet orgueilleux Abencerage
Voulait marcher l'égal des rois.
Que désormais sur ce rivage
Les seuls Zégris donnent des lois.

**FIN DU SECOND ACTE.**

# ACTE TROISIÈME.

---

Le théâtre représente la partie la plus solitaire des jardins de l'Alhambra. A droite, vers la seconde coulisse, on aperçoit un tombeau mauresque. (On sait que cette nation décorait avec beaucoup de soins et de recherches ces monuments funèbres que les Orientaux se plaisent à rapprocher de leurs habitations.) Celui que l'on voit sur la scène s'élève dans un bosquet de peupliers : il est orné de fleurs. Le Daro coule au fond du paysage, que la lune éclaire.

# SCÈNE I.

**NORAIME**, *seule, vêtue d'une simple tunique blanche.*

*AIR.*

Épaissis tes ombres funèbres,
Nuit favorable à mes projets !
Errante au milieu des ténèbres,
De ces lieux je fuis pour jamais.
　　　( *Elle s'approche du mausolée.* )
Je vois la tombe maternelle...
Hier, à ma douleur fidèle,
J'y pleurais avec Almanzor !
Près de lui, du bonheur des larmes
Je venais y goûter les charmes :
Que n'en puis-je verser encor !
( *Elle entre dans le bosquet, et reste appuyée sur la pierre du monument.* )

# SCÈNE II.

**NORAÏME, ALMANZOR,** *vêtu en esclave.*

( *On le voit arriver sur une barque, et franchir les rochers*
*qui ferment les jardins du côté du fleuve.* )

ALMANZOR.

Protége-moi, Dieu tutélaire;
De mon audace téméraire
Ne hâte point le châtiment;
Que je revoie encor celle qui m'est ravie,
Dussé-je payer de ma vie
Le bonheur d'un moment!

( *Il reconnaît le lieu où il se trouve, et s'approche du*
*mausolée.* )

Hélas! d'une mère adorée
C'est ici la tombe sacrée...
Salut, paisible monument...!

( *Il s'agenouille près du tombeau, et du côté opposé à celui*
*où se trouve Noraïme, dont il n'est pas d'abord aperçu.* )

NORAÏME.

C'en est fait, je te suis, Almanzor...

ALMANZOR.

Qui m'appelle?

Noraïme...?

NORAÏME.

O terreur!

ALMANZOR.

C'est elle!

### NORAÏME.

Tous mes sens sont glacés.

### ALMANZOR.

Dissipe ton effroi :
Noraïme, reconnais-moi ;
C'est Almanzor...

### NORAÏME.

Je meurs.

( *Elle tombe dans ses bras.* )

### ALMANZOR.

#### *DUO.*

Providence céleste,
Soutiens la force qui lui reste ;
Ranime ses esprits !

### NORAÏME, *revenant à elle.*

Almanzor, est-ce toi ?

### ALMANZOR.

Noraïme, tu m'es rendue !

### NORAÏME.

Fuyons, on peut te découvrir.

### ALMANZOR.

Tu m'aimes, je t'ai vue :
Ah ! maintenant je puis mourir.

### NORAÏME.

Non, pour moi tu dois vivre :
Partons ; je suis prête à te suivre.

### ALMANZOR.

Moi ! que je t'associe à mon destin errant,
Que la fille des rois à l'exil condamnée... !

### NORAÏME.

De la foi que je t'ai donnée

La fortune n'est point garant.

*ENSEMBLE.*

| NORAÏME. | ALMANZOR. |
|---|---|
| Hâtons-nous, craignons que l'aurore | Ah! pour un peuple qui t'adore |
| Ne nous surprenne dans ces lieux : | Conserve des jours précieux ; |
| Tes ennemis veillent encore ; | Er du roi la justice encore |
| Trompons leurs projets odieux. | Peut nous réunir dans ces lieux. |

**NORAÏME.**

J'ai vu cet Alemar; dans sa féroce joie,

De ses regards brûlants il dévorait sa proie :

Peut-être en ce moment... ah ! fuyons... ! je le veux.

**ALMANZOR.**

Je n'en crois que l'amour, et je céde à ses vœux.

*ENSEMBLE.*

Mânes sacrés , j'atteste

Des serments formés devant vous !

Loin de ce rivage funeste ,

Noraïme suit son époux.

Le sort qu'avec toi je partage

N'a point de pénible retour :

Ton regard soutient mon courage ;

Le danger fuit devant l'amour.

**ALMANZOR.**

Derrière ces rochers, une barque légère

Va nous porter sur l'autre bord.

**NORAÏME.**

Marchons...

# SCÈNE III.

LES MÊMES, ALEMAR, KALED, ALAMIR, GARDES,
ESCLAVES, *avec des flambeaux.*

ALEMAR.

Arrête, téméraire !

(*aux gardes.*)

Saisissez-le... c'est Almanzor.

( *Ils se jettent sur lui.* )

( *à Noraïme.* )

Princesse, pardonnez ; un devoir nécessaire...

NORAÏME.

Garde tes respects odieux ;
Je sais quel sentiment t'anime :
Tu ne voulais qu'une victime,
Et ce jour t'en réserve deux.
Almanzor, devant eux je n'ai rien à te dire :
Tu me connais, ce mot doit te suffire.

( *Elle sort.* )

ALEMAR, *au chef de la garde.*

Naïr, de ce guerrier banni de nos remparts
Annoncez le retour au conseil des vieillards.
Dans la tour du champ-clos, vous, gardes, qu'on le mène !

( *Almanzor, en sortant, jette sur Alemar un regard de mépris.* )

# SCÈNE IV.

## ALEMAR, KALED, ALAMIR.

### ALEMAR.

Enfin nous l'emportons, et je serai vengé!
D'Almanzor la mort est certaine :
J'ai mesuré l'abyme où mon bras l'a plongé ;
Nul ne peut l'y soustraire.
Dans la lice qui va s'ouvrir,
Qu'interdit à lui seul une loi salutaire,
Quel guerrier assez téméraire,
Avec lui trop sûr de périr,
A vos coups oserait s'offrir?

### KALED et ALAMIR.

De notre commune vengeance
Saisissons l'instant précieux :
Nos bras te répondent d'avance
D'un triomphe peu glorieux.

### ALEMAR, à *Alamir*.

Songe à l'hymen de la princesse,
A tes vœux que le roi trompa.
(à *Kaled*.)
En tombant, Almanzor te laisse
L'autorité qu'il usurpa.

### KALED et ALAMIR.

De l'orgueilleux Abencerage
Un crime a terni la splendeur ;
Sur les débris de son naufrage
Les Zégris fondent leur grandeur.

ALEMAR.

Mes ordres sont donnés, le peuple se rassemble
Aux lieux où la valeur confirme les arrêts :
A ce grand appareil, vous, présidez ensemble ;
Allez, que les émirs fassent tous les apprêts.

( *Kaled et Alamir sortent.* )

# SCÈNE V.

ALEMAR, *seul.*

*AIR.*

D'une haine long-temps captive
Exhalons enfin les transports :
Le jour de la vengeance arrive,
Et couronne mes longs efforts.
   Dans l'ombre et le silence
   J'ai dévoré l'offense :
Almanzor, tu t'es endormi,
   Tandis que sur ta tête
   S'amassait la tempête
Dont j'écrase mon ennemi.

( *Il sort.* )

# SCÈNE VI.

( *Le théâtre change, et représente le champ-clos. A gauche,
sont élevés des gradins pour le visir et les vieillards. A
droite, se trouve une estrade pour les juges du camp. De
chaque côté s'élève une colonne où les combattants
attachent leurs bannières. Au fond on découvre les rem-
parts de Grenade, aux sommets desquels conduit une* )

*pente rapide. On voit à droite, vers le fond, la tour*
*du champ-clos, dans laquelle Almanzor est renfermé.*
*Les juges du camp disposent les troupes autour de l'en-*
*ceinte, et font placer de distance en distance les faisceaux*
*et les armoiries qui distinguent les différentes tribus des*
*Maures. Les écussons des Zégris et des Abencerages sont*
*les plus apparents. Le visir et deux des vieillards du con-*
*seil arrivent suivis de leur escorte, du hérault d'armes,*
*et des chefs des différentes tribus. Almanzor sort de la*
*tour sous une escorte de Zégris, tandis qu'Alamir et*
*Kaled, armés pour le combat, et suivis de leurs écuyers*
*qui portent leurs armes et leurs bannières, s'avancent du*
*côté opposé.*)

CHŒUR *du peuple, pendant la marche.*

Grand Dieu! quelle triste journée,
Et comme un jour change le sort!
Hier la pompe d'hymenée,
Aujourd'hui des apprêts de mort!
De deux amants que l'on opprime,
L'un est plus malheureux encor :
Almanzor meurt pour Noraïme ;
Elle vivra sans Almanzor.

LE HÉRAULT D'ARMES.

Almanzor a perdu l'étendard de l'empire ;
De son sein pour jamais il était rejeté :
Il rentre dans nos murs ; la loi veut qu'il expire,
Que du haut des remparts il soit précipité.
Privé du droit de sa propre défense,
Si quelque autre guerrier veut être son appui,
Sa voix doit, d'Almanzor attestant l'innocence,

Vaincre pour le prouver, ou périr avec lui.
Le combat est permis.

ALAMIR.

(*Les écuyers d'Alamir et de Kaled entrent dans la lice, et*
*vont planter horizontalement leurs bannières sur une des*
*colonnes.*)

Guerriers dans la carrière,
Alamir et Kaled suspendent leur bannière.

KALED.

Almanzor est coupable, et de son attentat
C'est à nous de venger et les lois et l'état.
Quel ennemi de la patrie
A son destin voudroit s'unir?
S'il en est, je l'attends; ce bras qui le défie
A l'instant saura le punir.

ABENCERAGES, *entre eux et à demi-voix.*

Braves amis, dans le silence
Souffrirons-nous tant d'arrogance?

ALMANZOR, *à Kaled.*

Modère une si noble ardeur;
En d'autres temps peut-être
Kaled hésiterait à la faire paraître :
Je ne veux point de défenseur ;
Tout m'accuse en ce jour, le sort inexorable
En cachant le forfait m'a déclaré coupable.

AIR.

Mes amis, ne me plaignez pas :
J'ai vécu pour la gloire ;
Qu'importe le trépas,
Le lendemain de la victoire?

Ne détournez point vos regards :
Quel plus beau sort puis-je prétendre?
Je meurs au pied de ces remparts
Que mon courage a su défendre !

CHŒUR.

Il va mourir au pied de ces remparts
Que son courage a su défendre.

ALMANZOR, *aux Abencerages, en s'avançant sur le che-*
*min qui conduit au haut des remparts.*

Veillez sur Noraïme, épargnez à ses yeux...
C'est elle... je la vois... quel moment, justes cieux !

# SCÈNE VII.

LES MÊMES, NORAIME, UN GUERRIER ABENCERAGE,
*la visière baissée, suivi de deux écuyers.*

NORAÏME, *elle descend du rempart par le même chemin*
*où monte Almanzor.*

Arrêtez, peuple, on doit m'entendre :
Vous allez immoler un héros votre appui :
Du plus affreux complot Almanzor est victime,
Et je viens le prouver, ou mourir avec lui.

ALEMAR.

J'excuse ta douleur, elle est trop légitime;
Mais l'inflexible loi répond à tes regrets;

NORAÏME.

Quoi ! vous refuseriez une preuve éclatante...?

ALEMAR.

Le combat avant tout ! qu'un guerrier se présente;
La valeur seule ici peut changer les arrêts.

**NORAÏME.**

J'implore donc son assistance ;
Pour combattre en mon nom j'ai choisi ce guerrier.

**ALMANZOR,** *s'approchant de l'inconnu.*

Quel est-il ?

**LE GUERRIER.**

Ton vengeur, celui de l'innocence.

**NORAÏME.**

Je l'accepte pour chevalier.

**ALEMAR.**

Réponds ; je veux savoir...

**LE GUERRIER.**

J'ai voilé ma bannière,
Le vainqueur la découvrira ;
Et peut-être dans la carrière
Bientôt on me reconnaîtra.

( *Son écuyer va suspendre sa bannière voilée ainsi que son
bouclier à la colonne, du côté opposé à celui où Kaled et
Alamir ont placé la leur.* )

**ZÉGRIS, KALED, ALAMIR.**

Quel est ce fier Abencerage ?

**ABENCERAGES, NORAÏME.**

Grands dieux, soutenez son courage !

**NORAÏME.**

Almanzor est innocent,
Je le soutiens, je le jure ;
Et pour venger son injure,
Le ciel arme un bras puissant.

**LE GUERRIER,** *s'adressant aux juges du camp.*

Que la mort soit le partage
De qui trahirait sa foi ;

Du combat je jette le gage,
 (*Il jette son gant dans la lice.*)
Qui l'ose relever?

ALAMIR.

Moi!

(*Il fait un signe à son écuyer, qui va prendre le gant et le
rapporte à son adversaire.*)

CHOEUR.

Protége-nous, Dieu secourable!
Que par toi l'arrêt soit dicté;
Ote la victoire au coupable,
Fais triompher la vérité.

(*Pendant ce chœur, le champ-clos se ferme sous les yeux du
spectateur par des faisceaux liés ensemble avec des échar-
pes. L'écuyer de l'inconnu va déposer ses armes aux pieds
de Noraïme, qui les lui présente elle-même: il donne l'ac-
colade à Almanzor, qui va se placer hors de l'enceinte.
Les juges du camp visitent les armes des combattants.*)

LE HÉRAUT, à *l'entrée de la lice.*

Dieu veut, le roi permet, les juges sont contents;
 Laissez aller les combattants [1].

(*Une fanfare donne le signal d'un combat à outrance, à la
hache d'arme, au glaive et au poignard. A la dernière
passe, Alamir, qui sent son infériorité, tire son poignard
et s'élance sur son adversaire qui lui tendait la main pour
le relever; l'inconnu, emflammé de colère, lui plonge
son poignard dans la gorge et le tue.*)

---

[1] Ces mots sont textuellement ceux que prononçait le hérault d'armes en
donnant le signal du combat.

ALEMAR.

Il triomphe! ô terreur! ô rage!

CHOEUR.

Victoire au noble Abencerage.

ALEMAR, *allant vers les Zégris.*

D'Almanzor pour sauver les jours,
Braves Zégris, perdrons-nous la patrie
　　Que sa honte a flétrie?
Ma voix l'accuse et le poursuit toujours.
La cité de nos rois par sa honte est flétrie;
　　Il a trahi les devoirs les plus saints;
　　Le dépôt précieux, garant de nos destins,
　　　De l'Espagnol est la conquête.

　　　( à *Almanzor.* )

Grenade l'a mis dans tes mains,
Rends-lui son étendard.

( *Sur un signe de l'inconnu, son écuyer est entré dans la
lice et a découvert sa bannière. L'on reconnaît l'étendard
de Grenade.* )

LE GUERRIER.

Il flotte sur sa tête.

CHOEUR GÉNÉRAL.

O prodige! ô bonheur!

ALMANZOR, NORAÏME.

Je recouvre ⎫
　　　　　⎬ à-la-fois et la vie et l'honneur.
Il recouvre ⎭

LE GUERRIER, *il lève sa visière, on reconnaît Gonzalve.*

Maintenant, Alemar, tu peux me reconnaître;
J'ai vengé l'innocent, et je démasque un traître.

CHOEUR.

Gonzalve!

GONZALVE.

Illustres ennemis,
Je rapporte en vos murs la bannière sacrée
Qu'Alemar lui-même a livrée.

ALEMAR.

Tu pourrais...

GONZALVE.

Octaïr en vos mains est remis;
Il vous dévoilera son opprobre et son crime.
Mon roi, que l'honneur anime,
Même après un revers, rougirait d'accepter
Les secours qu'un perfide ose lui présenter.

CHOEUR.

Pour venger nos communs outrages,
Contre un perfide unissons-nous;
Des Zégris, des Abencerages,
Qu'il sente à-la-fois le courroux.

ABDERAME, *entrant sur la scène.*

De toutes parts la vérité s'élève,
Et trahit d'Alemar les complots insolents :
Le roi n'a point rompu la tréve;
Il offre, par ma voix, la paix aux Castillans.

CHOEUR *des Zégris et des Abencerages s'avançant contre Alemar.*

Vengeance! vengeance implacable!

ALMANZOR.

Guerriers, contre ce grand coupable
Votre juste ressentiment
Doit au prince outragé laisser le châtiment.

ABDERAME, *aux gardes.*

Qu'on l'emmène.

ALEMAR.

Tremblez de me laisser la vie;
Tant qu'elle ne m'est pas ravie,
D'un triomphe insolent,
Esclaves d'Almanzor, jouissez en tremblant.

(*On l'emmène.*)

CHŒUR.

*FINALE.*

Un jour d'alégresse
Vient réparer tous nos malheurs;
L'honneur, la gloire, la tendresse,
Enivrent tous les cœurs.

ALMANZOR.

La mort planait sur cette enceinte:
Gonzalve a su tout ranimer.

NORAÏME.

Je puis donc me livrer sans crainte
Au bonheur de t'aimer?

ALMANZOR, NORAÏME, *à Gonzalve.*

Je vous dois, j'aime à le redire,
Ses jours, ma / sa } gloire, et mon bonheur.

GONZALVE.

Belle Noraïme, un sourire
A payé ton libérateur.

ABDERAME.

A la fête de l'hymenée
Consacrons nos brillants loisirs.
Et que cette heureuse journée
Ramène ici tous les plaisirs.

CHŒUR GÉNÉRAL.

Jour de triomphe et d'alégresse,
Viens réparer tous nos malheurs ;
Gloire, plaisirs, honneur, tendresse,
Enivrez tous les cœurs.

(*Divertissement final.*)

**FIN DU TROISIÈME ACTE.**

# NOTES ANECDOTIQUES.

Jamais peut-être M. Chérubini n'a déployé un talent plus mâle, une verve plus dramatique et plus savante, que dans la composition de la musique des *Abencerages :* c'est dans cet ouvrage sur-tout, que ce grand musicien a su réunir, par une alliance qui lui appartient en propre, cette richesse d'harmonie dont l'école allemande est si fière, avec cette expression juste et fortement accentuée que la scène française exige.

Dans la partie des chœurs, objet de l'admiration générale, on distingua le chœur final du second acte, *Grenade est libre;* il excita des transports d'applaudissements : les deux grands airs d'Almanzor, *Enfin j'ai vu naître l'aurore,* et les *Adieux à la patrie,* furent regardés comme des modèles achevés du pathétique musical.

Le succès de cet ouvrage qui s'était accru d'acte en acte, se ralentit à la fin du troisième ; et nous trouvâmes un obstacle, là où nous comptions sur un moyen. Le combat singulier auquel se rattache l'intrigue, et qui forme le dénouement, amène une des situations les plus fortes qui soient au théâtre ; mais cette situation, pour exciter tout l'intérêt dont je la crois encore susceptible, aurait eu besoin d'être exécutée par deux de ces gladiateurs du cirque qui excellent dans le maniement de la dague et du poignard.

Ce combat à outrance mis en action par des acteurs dont la fureur mesurée ne produit aucune illusion, dut paraître d'autant plus froid, que le chœur et l'orchestre se taisaient pendant que les héros en étaient aux mains.

Les représentations des Abencerages ont achevé de me

convaincre que le théâtre de l'Opéra devrait s'enrichir d'un corps de comparses, spécialement destiné à figurer dans les combats de toute espèce dont la représentation est si fréquente sur cette scène lyrique, et qui y sont beaucoup plus mal exécutés que sur les petits théâtres.

Après quinze ou vingt représentations on a jugé à propos de réduire l'opéra des Abencerages à deux actes: cette mutilation, que les *Bayadères* et plusieurs autres ouvrages du répertoire ont subie, tient au système que l'on paraît avoir adopté de raccourcir les opéra et d'alonger les ballets, système dont les suites infaillibles doivent amener la ruine de ce magnifique théâtre.

# PÉLAGE,

## OPÉRA

### EN DEUX ACTES,

REPRÉSENTÉ POUR LA PREMIÈRE FOIS SUR LE THÉATRE
DE L'ACADÉMIE DE MUSIQUE, LE 23 AOUT 1814.

# PRÉAMBULE HISTORIQUE.

———

Après vingt ans d'un triomphe perpétuel et d'une gloire sans rivale dans l'histoire des nations, la fortune s'était fatiguée avant la victoire, et la France, attaquée par l'Europe entière, se trouvait envahie sans avoir été vaincue. Napoléon avait abdiqué la couronne impériale, et l'ancienne famille de nos rois était remontée sur le trône de Henri IV.

La première impression que ce grand événement dut produire sur des cœurs français, fut sans doute celui d'un regret héroïque pour la perte de tant de trophées et de tant de conquêtes, dont il fallut acheter une paix désastreuse : mais les plus généreux défenseurs de l'honneur national étaient aussi les amis les plus ardents d'une sage liberté politique, qui leur avait été solennellement promise sous le règne d'un monarque constitutionnel, en dédommagement d'une gloire militaire éclipsée.

Personne ne s'était associé plus franchement que moi à ces nobles espérances ; une femme aussi célèbre alors par son esprit qu'elle l'avait été par sa beauté et par sa position dans le monde, m'invita à célébrer cet événement sur le théâtre de l'Opéra : un rapprochement historique s'offrit à mon esprit.

Vers l'année 712, les Maures, sous la conduite de Tarif

Abenzarca, remportèrent une victoire signalée sur les Vi
sigots, dans les plaines de Xérès : Rodrigues, leur roi, y
périt victime de la trahison du comte Julien, qui avait
appelé les Sarrazins en Espagne.

Après cette défaite, qui mit l'Espagne entière au pouvoir
des Maures, don Pélage, frère de Rodrigues, accompagné
de sa nièce Ermizende, que j'ai nommée *Favila*, et de quel-
ques amis fidèles, se refugia dans les montagnes inaccessibles
des Asturies, où il eut pour asile une grotte souterraine, con-
sacrée depuis sous le nom d'abbaye de *Covadonga*.

Pélage, enseveli pendant quatorze ans au milieu des ro-
chers, sans autres consolations que les tendres soins de sa
nièce et le dévouement des montagnards, y nourrit le pro-
jet d'affranchir son pays, et de relever un trône où l'appe-
laient sa naissance et les vœux d'un peuple impatient du
joug de l'étranger.

A la voix d'Alphonse, duc de Biscaye, à qui Pélage avait
fait épouser sa nièce, les Galiciens, les Navarrois et les
Cantabres unirent leurs armes en faveur du frère de Rodri-
gues, et le ramenèrent en triomphe dans la capitale de ses
états.

Pélage est considéré dans l'histoire comme un prince di-
gne, par ses vertus, son courage et son patriotisme, du glo-
rieux titre de restaurateur de la monarchie espagnole que
les historiens de cette nation s'accordent à lui donner.

Je me suis borné à retracer sur la scène des caractères

et des faits historiques auxquels des circonstances analogues me semblaient devoir ajouter un haut degré d'intérêt : l'avenir est chargé de justifier ce parallèle.

# PERSONNAGES.

MM.

PÉLAGE, roi des Asturies, frère
   de Rodrigue.                          LAÏS.

ALPHONSE, son neveu.             NOURRIT.

LÉON, chef des montagnards.      BONET.

AURELIO, jeune montagnard.     LE VASSEUR.

                             VAILLANT.

                             MARTIN.

                             LEROY.

SIX CHEVALIERS de la suite du roi.

                             QUEILLÉ.

                             LEGROS.

                             LECOQ.

M<sup>mes</sup>

FAVILA, épouse d'Alphonse.     BRANCHU.

ELVINE, fille de Léon.          ALBERT.

HERMIZINDE, coryphée.        LEBRUN.

    PEUPLE, ESPAGNOLS, MAURES ET MONTAGNARDS.

La scène est, au premier acte, au milieu d'une enceinte de
   rochers inaccessibles, dans les Asturies.
Au second, à Oviedo, capitale du royaume.

# PÉLAGE,

## OPÉRA.

~~~~~~~~~~~~~~~~~~~~~~~~~~~~~~~~~~~~~~

## ACTE PREMIER.

—

Le théâtre représente une enceinte de rochers, au milieu desquels est creusée l'abbaye de *Covadonga*, dont on aperçoit l'entrée.

## SCÈNE I.

LÉON, MONTAGNARDS *des deux sexes.*

### CHŒUR GÉNÉRAL.

Dieu redoutable !
Dieu secourable !
Entends nos voix ;
Arme-toi, lance la foudre,
Réduis, réduis en poudre
L'oppresseur de nos rois.

### LÉON.

Amis, ne perdons pas courage ;
Le ciel reçoit nos vœux, et l'auguste Pélage,
L'héritier d'un nom immortel,
Peut ressaisir encor le sceptre paternel.
Dans cette retraite profonde,

Au sein de ces rochers, et loin de tous les yeux,
Depuis vingt ans entiers nous conservons au monde
Ce dépôt précieux.

Les rois s'arment pour sa querelle;
Du Maure en ce moment la couronne chancelle;
Et la vieille Asturie, au comble des revers,
Éléve vers son roi ses bras chargés de fers.

CHŒUR GÉNÉRAL.

Dieu redoutable!
Dieu secourable!
Entends nos voix; etc.

LÉON.

Vers nous quelqu'un s'avance:
C'est le fidéle Aurelio,
Envoyé par mon ordre aux champs d'Oviédo.

# SCÈNE II.

LES MÊMES, AURELIO.

La guerre tient encor les destins en balance:
Les princes alliés, marchant de toutes parts,
Déja d'Oviédo découvrent les remparts.

Pélage est leur cri de guerre,
D'Abdelhamed ce nom redouble la fureur;
Du sang de nos guerriers il abreuve la terre,
Et séme sur ses pas le carnage et l'horreur.

Il sait que la patrie en larmes
Conserve un vengeur parmi nous.
Et bientôt, comblant nos alarmes,
On le verra porter ses armes

Jusqu'au sommet des monts où nous bravons ses coups.

LÉON.

Seuls nous arrêterons ses phalanges terribles ;
De nos rochers inaccessibles
Le Maure n'approchera pas.
Pélage porte ici ses pas.

( *On aperçoit Pélage et Favila qui s'avancent par la galerie*
*souterraine.* )

Voyez-vous près de lui cette tendre princesse
Prodiguant à son roi ses jours et sa tendresse?
A ce tableau touchant des plus nobles malheurs
Qui pourrait refuser des pleurs?

# SCÈNE III.

LES MÊMES, PÉLAGE, FAVILA.

CHOEUR.

Ciel! de ce front auguste
Écarte les terreurs ;
Loin du vainqueur injuste
Laisse couler nos pleurs.
Dans ce séjour tranquille
Tes secours lui sont dus.
Ah! protége un asile
Qui cache ses vertus.

PÉLAGE.

Un nouveau péril nous menace ;
Abdelhamed a découvert ma trace :
Nous faudra-t-il encor, succombant à nos maux,
Errant sans appui sur la terre,

De rochers en rochers, dans des déserts nouveaux,
Sous un ciel étranger porter notre misère?

LÉON.

Contre vos ennemis nous défendrons vos jours.

PÉLAGE.

Non; je n'accepte pas vos généreux secours:
Que le ciel à son gré dispose de ma vie;
 Pour l'intérêt de la patrie
 Qu'il en termine ou prolonge le cours:
  Loin de moi la gloire cruelle
  Et les parricides combats;
  Je me confie à votre zèle;
Servez-moi, mes amis, et ne me vengez pas.

LE CHOEUR, *en sortant.*

 Ciel! de ce front auguste
 Écarte les terreurs, etc.

# SCÈNE IV.

## PÉLAGE, FAVILA.

PÉLAGE.

Du Dieu consolateur que ta présence atteste,
Ma fille, ton amour est le bienfait céleste.

FAVILA.

 Quand je vous consacre mes jours,
  J'acquitte une dette chérie;
Je retrouve en vous seul mon père et ma patrie,
Mon père!...

PÉLAGE.

  Je l'entends, ce soupir vertueux;
Et mon ame répond à ce cri douloureux:

« Oui ! tu seras un jour chez la race nouvelle [1]

« De l'amour filial le plus parfait modèle.

« Tant qu'il existera des pères malheureux,

« Ton nom consolateur sera sacré pour eux.

« Il peindra la vertu, la pitié douce et tendre :

« Jamais sans tressaillir on ne pourra l'entendre [1].

#### FAVILA.

Qu'il est beau, qu'il est doux,

Cet auguste malheur qu'on partage avec vous !

#### PÉLAGE.

##### ODE.

Divin maître de la nature,

Je n'accuse point ta bonté ;

Mon cœur s'abaisse sans murmure

Sous ta sublime volonté.

Quel espoir soutient mon courage !...

Je le revois ce doux rivage

Où l'étranger donne des lois.

Je touche la terre chérie !

Ah ! le rêve de la patrie

Embellit le sommeil des rois !

« D'une ame égale, d'un œil ferme

« J'ai pu contempler mes revers :

« Mais j'ai besoin de voir un terme

« Aux maux que mon peuple a soufferts.

« Si je puis soulager vos peines,

« Si ma main doit briser vos chaînes,

---

[1] Ces beaux vers de la tragédie d'*OEdipe chez Admète* ont été cités par le roi lui-même à l'auteur (M Ducis), lorsque cet illustre écrivain eut l'honneur de lui être présenté

PELAGE, *à Favila.*

La jeune Elvine et ses compagnes

Descendent du haut des montagnes,

Et viennent célébrer dans leurs jeux ingénus

Les bienfaits que tes mains sur eux ont répandus.

Un moment en ces lieux jouis de leur présence :

Ils sont si doux, les chants de la reconnaissance !

*( Pélage sort avec Léon. )*

# SCÈNE VI.

FAVILA, ELVINE, AURELIO, MONTAGNARDS *des deux
sexes, plusieurs* CHEVALIERS *de la suite de Pélage et de
Favila.*

### CHOEUR GÉNÉRAL.

Vous qui réparez nos malheurs,

Recevez nos simples hommages.

Au sommet des rochers sauvages

Vos tendres soins ont fait naître ces fleurs.

Ah ! c'est par vous qu'ont cessé nos misères !

Vous rendez les enfants aux pères ;

De tous les yeux vous tarissez les pleurs !

### FAVILA.

Un langage si tendre

A mon cœur est bien doux.

Puis-je jamais vous rendre

Ce plaisir si touchant que je reçois de vous !

### CHOEUR.

Oui, c'est par vous qu'ont cessé nos misères !

De tous les yeux vous tarissez les pleurs !

ELVINE.

*AIR.*

*( Pendant ce morceau on danse, et les jeunes filles font*
*hommage à la princesse des fleurs de leurs montagnes.)*

De ce beau lis l'éclat suprême
Des rois semble annoncer la fleur.
Nous y voyons un doux emblème
Et d'innocence et de candeur :
De Favila, touchante image,
Il peint la grace, la beauté ;
Et son front, courbé par l'orage,
Se relève avec majesté.

*( La danse continue.)*

FAVILA, *aux chevaliers de sa suite.*

Par un trouble secret mon cœur est tourmenté.
Veillez, nobles amis, sur la roche prochaine ;
Que vos regards au loin interrogent la plaine !

*( Les chevaliers partent, et sont accompagnés par les mon-*
*tagnards.)*

FAVILA.

*ROMANCE.*

*( Pendant cette romance la danse est interrompue, et re-*
*prend lorsque le chœur répète les premiers vers.)*

De ces rochers enfants heureux,
Dans le repos passez la vie.
Bornez ici vos simples vœux :
Rien n'est beau comme la patrie !

ELVINE ET LE CHOEUR DE FEMMES.

De ces rochers enfants heureux,
Dans le repos, etc.

FAVILA.

L'oiseau, sans voix et sans couleurs,
Gémit, exilé, solitaire,
Et l'arbrisseau languit sans fleurs
Au sein d'une terre étrangère [1].

ELVINE ET LE CHOEUR.

De ces rochers enfants heureux,
Dans le repos, etc.

FAVILA.

Ah! du berceau de mes aïeux
Rendez-moi la vue adorée;
Ah! rendez-moi l'arbre pieux
Qui couvre leur tombe sacrée.

ELVINE ET LE CHOEUR.

De ces rochers enfants heureux,
Dans le repos, etc.

(*La fête champêtre continue; elle est interrompue par une musique lointaine.*)

FAVILA.

Quel bruit au loin se fait entendre?
On accourt!... juste ciel! que vient-on nous apprendre?

---

[1] La pensée exprimée dans ces vers est empruntée d'une élégie de M. Le Montey, sur l'*Amour de la Patrie.*

# SCÈNE VII.

LES MÊMES, LÉON, PÉLAGE.

LÉON.

Jour à jamais heureux!
De guerriers et d'amis un bataillon nombreux
Fait retentir nos monts du grand nom de Pélage.
Alphonse est à leur tête!

FAVILA.

O fortuné présage!
( *Pélage sort de la grotte.* )

Mon père, c'est Alphonse!

TOUS.

O fortuné présage!

# SCÈNE VIII.

LES MÊMES, ALPHONSE, AURÉLIO, MONTAGNARDS,
GUERRIERS.

CHŒUR.

Vive à jamais Pélage!
Que son nom adoré
D'un bonheur assuré
Soit le précieux gage!
Vive à jamais Pélage!

FAVILA, *se jetant dans les bras d'Alphonse et de Pélage;*
LÉON, ELVINE, AURÉLIO.

SEXTUOR.

Au transport qui vient l'enivrer

Mon cœur ému ne peut suffire.
Amour!... espoir!... bonheur!... délire!...
Laissez, laissez-moi respirer.

ALPHONSE.

Aux murs d'Oviédo votre peuple fidéle
Par des cris d'alégresse en ce jour vous rappelle.
Venez, grand roi, venez, de vos fils entouré,
A vos heureux sujets rendre un prince adoré.

PÉLAGE.

Le ciel, qui lit au fond de mon ame attendrie,
Sait qu'au sein des revers,
Indifférent aux maux que j'ai soufferts,
J'ai ressenti tous ceux de la patrie;
Et c'est pour elle encor qu'en ce moment ma voix
Rend grace à sa bonté des biens que je reçois.

FINALE.

( *La nuit est venue.* )

PÉLAGE.

Je quitte l'asile sauvage
Où vous avez caché mes jours;
Mais j'en conserverai l'image,
Et j'emporte en mon cœur un gage
Que vous y trouverez toujours.

CHŒUR.

Vous quittez l'asile sauvage
Qui protégea vos tristes jours;
Mais nous conservons votre image,
Et sur ces rochers, d'âge en âge,
Nos fils la reverront toujours.

ALPHONSE, FAVILA, PÉLAGE.

Adieu, pasteurs de ces montagnes:

Pélage un jour vous reverra.

FAVILA.

Adieu, mes fidèles compagnes.

CHŒUR GÉNÉRAL.

Grand Dieu! veillez sur Favila.

ELVINE, LÉON, AURÉLIO, CORYPHÉE.

Du sein de la grotte profonde
Où nos yeux ne vous verront plus,
Allez, allez offrir au monde
Le modèle accompli de toutes les vertus.

( *Les femmes répètent.* )

CHŒUR GÉNÉRAL.

Vive à jamais Pélage!
Que son nom adoré
D'un bonheur assuré
Soit le précieux gage!
Vive à jamais Pélage!

( *Le roi et son cortège traversent les montagnes : on le voit
gravir les rochers, appuyé sur Favila. Le chemin qu'il
doit parcourir est bordé par de jeunes filles qui agitent
des branches d'arbres, et par des montagnards qui tien-
nent en main des flambeaux allumés. Les pelotons armés
forment le fond du tableau.* )


FIN DU PREMIER ACTE.

# ACTE SECOND.

———

Le théâtre représente la place publique d'Oviédo, où diffé-
rents groupes de peuple s'occupent des préparatifs de la
fête pour l'entrée de Pélage, et se livrent à la joie bruyante
que ce jour leur inspire.

## SCÈNE I.

CHŒUR DE PEUPLE.

O mémorables fêtes !
O jour heureux pour tous !
La guerre et ses tempêtes
Ne grondent plus sur nous.
La paix vient nous sourire ;
  Le monde respire
  Dans un calme heureux.
  Un ciel sans nuages,
  Des mers sans orages,
  S'ouvrent à nos vœux.

( *Pendant ce chœur, on a vu dans le fond du théâtre le peu-
ple sortir du temple de la Paix, et traverser la grande
place en se mêlant aux jeux des habitants qui s'y trou-
vent rassemblés.* )

## SCÈNE II.

ALPHONSE, LÉON, CHEVALIERS ÉMIGRÉS, PEUPLE, etc.

ALPHONSE.

Peuple, dans un joyeux délire,
    Exhalez vos transports.
Il arrive ce roi qu'on chérit, qu'on admire :
    Le bonheur renaît sur ces bords:
Le ciel a sur son front replacé la couronne ;
Et d'un si grand bienfait qu'ont appelé vos vœux,
    Que désormais tous les cœurs soient heureux.
Qui pourroit se venger lorsque le roi pardonne ?
    ( à *Léon et aux chevaliers.* )
Et vous, de ce trésor les gardiens chéris,
Vous, les dignes appuis d'une illustre infortune,
    Dans la félicité commune,
De votre dévouement vous recevrez le prix.

LÉON.

Ce prix est dans mon cœur, je l'ai reçu d'avance,
    Et ma plus douce récompense
Est de pouvoir ici, dans ce glorieux jour,
Mêler mon humble voix à vos accents d'amour.

ALPHONSE.

Qu'il soit béni ce jour qui nous ramène un père !

*AIR.*

    Dédaignant ce laurier vulgaire
    Qui croît à l'ombre des cyprès,
    Pélage désarme la Guerre.
    Déja l'olivier tutélaire

Fleurit dans les champs de Xérès.
Sous l'arbre de la Paix, amis, séchons nos larmes;
De ses rameaux couvrons nos armes,
Et dans nos bras, après vingt ans,
Serrons nos femmes, nos enfants.
Du souvenir de la victoire
Charmons les loisirs de l'honneur,
Et qu'aux jours brillants de la gloire
Succèdent les jours du bonheur.

# SCÈNE III.

### LES MÊMES, PÉLAGE, FAVILA, CORTÉGE.

*( Pélage et Favila sont portés sur une espèce de trône
qu'ombrage un dais de lis et de roses. La première par-
tie du cortège se compose de petits détachements de trou-
pes alliées, qui viennent garnir les côtés de la scène.
Alphonse commande un détachement de troupes natio-
nales; plus près du trône, de jeunes filles précèdent, en
dansant, le pavois, et sèment des fleurs sur le chemin;
la marche est fermée par une troupe de montagnards
commandés par Léon. )*

CHOEUR GÉNÉRAL, *pendant la marche.*

O roi! notre chère espérance,
Source d'amour et de pleurs;
Non, le bienfait de ta présence
N'est plus le rêve de nos cœurs,
Au sein même des alarmes

S'éléve un jour si doux;
  Plus de guerre, plus de larmes:
  Pélage est avec nous.

**PÉLAGE.**

Après de longues infortunes
  Au peuple, au monarque communes,
Je les revois ces murs trop long-temps attristés,
Que mon cœur paternel n'avait jamais quittés.
  Je revois ma famille immense,
De vingt ans de malheur j'obtiens la récompense.
Réparer tous vos maux, tels sont mes premiers vœux.
  J'ai besoin de voir des heureux!

( *Pélage présente Favila au peuple.* )

De tous les biens qu'ici mon amour vous présage,
  Peuple, voici le gage.
Du ciel, dans un seul don, recevez les bienfaits.
La fille de Rodrigue est l'ange de la paix :
Elle vient parmi vous désarmer la vengeance,
Légitimer la gloire, ennoblir l'espérance;
Et sous des traits chéris retracer à vos yeux
L'image des vertus dont s'honorent les cieux.

**CHOEUR** *de femmes.*

  Céleste fille de Pélage,
Quand tu reviens consoler ce séjour,
  Pouvons-nous trouver un langage
Pour célébrer dignement ton retour?

**FAVILA.**

De joie et de bonheur mon ame est oppressée.
  Je sors d'un funeste sommeil,
Et je voudrais en vain recueillir ma pensée,

Au milieu des objets qui charment mon réveil.
Heureuse des transports que ma présence inspire,
Je vois un nouveau jour, mon cœur est ranimé.

Qu'il est doux l'air que l'on respire
Aux lieux où l'on a tant aimé !

### AIR.

Après tant d'alarmes,
Après tant de larmes,
Combien ont de charmes
Ces vœux renaissants,
Ces tendres accents !
Ah ! par tant de faveurs soudaines,
Quand le ciel comble mes desirs,
Il faut avoir senti mes peines
Pour connaître tous mes plaisirs.

### CHŒUR des guerriers à Pélage.

Notre gloire n'est pas flétrie,
Notre cœur n'est pas abattu.
En combattant pour la patrie,
Pour toi nous avons combattu.

### PÉLAGE.

Guerriers, en tout temps votre gloire
Fut présente et chère à mes yeux,
Et j'en dois compte à la mémoire
De nos fils et de nos aïeux.
L'Africain peut troubler cette paix que j'adore,
La lice des combats peut se rouvrir encore ;
Nous y marcherons tous, forts de nos justes droits,
La victoire fidèle entendra votre voix.

### CHŒUR.

Notre gloire, etc.

PREMIER CHŒUR *de jeunes femmes présentant leurs enfants.*

« De nos tendres fils dans l'enfance
« Nous venons t'offrir le trésor;
« Leurs faibles bras pour ta défense
« Ne peuvent point s'armer encor.

DEUXIÈME CHŒUR *de femmes plus âgées.*

« Hélas! nous avons vu leurs frères
« Arrachés des bras de leurs mères,
« Loin de nous entraînés,
« Périr sur la rive étrangère;
« Par la faulx de la guerre
« Tour-à-tour moissonnés. »

PÉLAGE.

D'une cruelle destinée
Bannissons à jamais le triste souvenir;
Et dans cette belle journée
Ne songeons plus qu'à l'avenir.

SERMENT.

CHŒUR GÉNÉRAL.

En présence du ciel et du roi son image,
A l'auguste Pélage,
A sa noble postérité,
Jurons obéissance, amour, fidélité !

PÉLAGE, FAVILA, ALPHONSE, ET CHŒUR GÉNÉRAL.

Gloire, Vertus, déesses immortelles,
Du peuple et de son roi consacrez les serments;
Sur vos brillantes ailes
Aux voûtes éternelles
Portez nos saints engagements.

### ALPHONSE.

Pour rendre grace au ciel de sa bonté suprême,
Invoquons des beaux arts le prestige nouveau :
De nos prospérités, de notre malheur même,
     Par un heureux emblème,
Retraçons dans nos jeux le magique tableau.

### DIVERTISSEMENT ALLÉGORIQUE.

( La Nation, *figurée par des chœurs, forme une espèce de danse fédérative où les rangs se mêlent sans se confondre.* )

( L'Espérance, *sous la figure d'une jeune fille, couronnée de boutons de roses, et appuyée sur une ancre, paraît sur son char. Elle en descend et prend part à la fête, qu'elle embellit de tous ses charmes; elle voltige autour de tous les groupes, et l'on remarque qu'elle s'échappe toujours au moment où l'on est près de la saisir.* )

( *L'Espérance appelle le* Génie des arts, *qui parvient à la fixer pendant quelques moments.* )

( La Volupté *vient se mêler à leurs jeux; elle paraît au milieu du cortège* des Ris et des Plaisirs. *Ces personnages se jouent autour de l'Espérance, dont ils imitent le manège; et la Volupté s'enivre du parfum des fleurs que les différents groupes lui présentent; elle disparaît la première, et son cortège la suit : l'Espérance elle-même s'éloigne insensiblement, et, pour consolation, indique qu'elle laisse après elle la Gloire.* )

( La Gloire, *la tête ceinte d'une couronne de laurier, une palme d'or à la main, arrive suivie de quelques guerriers; sa danse et celle du jeune héros qui l'accompagne res-*

*pirent l'amour des combats. A cet aspect, le chœur prend une attitude martiale, et semble ne plus former de vœux que pour la guerre.* )

( La Folie *succède à la Gloire. Une troupe de* Bacchantes *et de* jeunes Maures *forme son cortège; et la joie effrénée qui les anime est poussée jusqu'au délire, à la vue de la marotte que la Folie agite à leurs yeux.* )

( *Au moment du plus grand désordre, trois Furies annoncées au bruit du tonnerre,* la Discorde, la Haine, *et* la Vengeance, *sortent de dessous terre, et des nuages épais couvrent la scène.* )

( *Tout fuit, à l'exception de quelques forcenés qui prennent part à leurs jeux inhumains. Le délire furieux qui les anime est interrompu par quelques mesures d'une musique suave: le tumulte reprend, et cesse tout-à-coup, au moment où un nuage s'ouvre et laisse entrevoir la Paix. Les Furies rentrent dans l'abyme.* )

( La Paix *achève de dissiper les nuages et de calmer les tempêtes. On la voit bientôt après planant au milieu des airs, et soutenue par des génies célestes.* L'Espérance, l'Abondance, *et les* Arts *accourent à sa voix. Pendant sa lente ascension, le chœur célèbre la présence et les bienfaits de cette fille du ciel. A mesure qu'elle s'élève, son écharpe se déploie dans les airs; on y lit, en traits de feu, les mots de* VIVE LE ROI. )

*HYMNE*

CHOEUR.

De noires, d'épaisses ténébres
Couvraient nos champs délicieux;

La tempête aux ailes funèbres
Nous dérobait l'azur des cieux,

*A trois voix.*

Mais le jour luit et l'air s'épure.
Le doux calme de la nature
Pénètre au fond de tous les cœurs;
Nous jouissons d'un nouvel être :
Dans nos vallons on voit renaître
Les amours, les chants, et les fleurs.

CHŒUR.

Parmi les fleurs fraîches écloses
Voltigent les jeux, les plaisirs,
Et sur des nuages de roses
Se balancent les frais zéphyrs.

*A trois voix.*

D'amour, d'innocence parée,
La Paix, cette vierge adorée,
Brille d'un éclat enchanteur.
Son regard désarme la Guerre,
Et sa douce voix à la Terre
Annonce les jours du bonheur.

LE CHŒUR GÉNÉRAL *répète.*

D'amour, d'innocence, etc.

FIN DU SECOND ACTE.

# ZIRPHILE,

## ET

# FLEUR DE MYRTE,

## OPÉRA-FÉERIE EN DEUX ACTES,

### PAR MM. JOUY ET LE FÈVRE.

#### REPRÉSENTÉ POUR LA PREMIÈRE FOIS SUR LE THÉATRE DE L'ACADÉMIE DE MUSIQUE, LE 29 JUIN 1818.

# PRÉAMBULE.

La fable de *Zirphile et Fleur de Myrte* est tout entière d'invention. Elle repose sur les données de cette mythologie cabalistique, trop dédaignée parmi nous, et qui ne manque ni de charme ni d'éclat.

*Pope*, en la consacrant dans le joli poëme de la *Boucle de cheveux*, et *Wiéland*, en la mélant aux bizarreries de son poëme d'*Obéron et Titania*, ont tiré un parti assez heureux de quelques unes des idées originales nées de cette nouvelle mythologie. Cependant ils ont plutôt effleuré que traité le sujet dont ils avaient senti le mérite. Leurs sylphes, leurs ondins, leurs gnomes n'intéressent pas assez. Les écrivains n'ont pas su, comme les poëtes grecs, prêter des passions, une intelligence, des sens déliés, et une ame à leurs créations aériennes.

C'est peut-être, après tout, le *barbare* Shakespeare, qui a traité avec le plus de délicatesse ce genre de poésie inconnu aux anciens. Le sort de cet écrivain plus célèbre qu'apprécié en France est ass z étrange; on l'estime pour ses défauts; on ne connaît point son mérite. L'extravagance gigantesque de son style tragique a obtenu d'intarissables éloges : ce n'est point sous ce rapport que je le crois digne de tant d'admiration; c'est par la sagacité, la pénétration, la finesse, c'est par la vérité de l'observation, qu'il mérite de prendre place au rang des plus grands poëtes de tous les pays et de tous les temps. Non seulement il a ces qualités, mais il en a aussi les défauts : ses idées sont souvent trop déliées; le concetti lui est familier; et, dans les écarts nombreux de son mauvais goût, il se rapproche plus souvent de Marivaux que de Jodelle; et du cavalier Marin que de l'ampoulé Dubartas.

La mythologie des sylphes et des gnomes lui a fourni quelques créations, auxquelles manque une exécution plus parfaite. Rien de plus léger, de plus naïf et de plus inté-ressant que cet *Ariel*, enfant délicat et aérien de l'imagina-tion la plus fraîche, qui glisse sur le nuage, repose au sein de la fleur des champs, trempe ses ailes dans le calice, hu-mide de rosée, et parcourt les espaces du ciel et de la terre pour le bien des hommes, et pour sauver la vertu et l'innocence au milieu des périls dont la société les entoure.

Cependant l'âge où vivait ce grand écrivain a laissé tant de traces de barbarie sur ses ouvrages, que l'on ne peut proposer pour modèles ses conceptions même les plus heureuses. La nouvelle source d'émotions que la poésie cabalistique peut donner aux hommes a été à peine ouverte par lui. Un poëte, qui unirait beaucoup d'imagination à beaucoup de génie, pourrait y chercher encore bien des effets piquants et des beautés originales.

# PERSONNAGES.

| | | |
|---|---|---|
| GALAOR, enchanteur, | MM. | Dérivis. |
| FLEUR DE MYRTE, berger gangaride, | | Lecomte. |
| RABIEL, gnome, gardien de l'île, | | Éloy. |
| Un Sylphe, | | Dupont. |
| MORGANE, fée qui préside aux jeunes amours, | M<sup>mes</sup> | Branchu. |
| ZIRPHILE, jeune princesse aimée de Galaor, | | Albert. |
| Une Sylphide, | | Allan. |
| Salamandres, Esprits du feu. | | |
| Ondins, Esprits des eaux. | | |
| Sylphes et Sylphides, Génies de l'air. | | |

La scène est dans une île soumise à Galaor; au premier ac
dans la partie de l'île la plus agreste; au second. dans l
jardins de Zirphile.

# ZIRPHILE,

## ET

# FLEUR DE MYRTE,

## OPÉRA-FÉERIE.

~~~~~~~~~~~~~~~~~~~~~~~~~~~~~~~~~~~~~~~~~~~~~~~~~~~~~~~~~~

## ACTE PREMIER.

———

Le théâtre représente la partie la plus agreste d'une île en-
chantée. Le fond du paysage est hérissé de rochers à tra-
vers lesquels on découvre la mer.

## SCÈNE I.

### GALAOR, RABIEL, ONDINS, SALAMANDRES.

GALAOR *paraît sur la pointe d'un rocher sous les traits
d'un homme de vingt-cinq ans.*
Salamandres, Ondins, soumis à ma puissance,
Esprits des eaux, du feu, reconnaissez ma voix,
 Accourez ! avec vigilance,
Sujets de Galaor, exécutez ses lois !
 CHŒUR DE GÉNIES, *sortant de leurs retraites.*
  Nous volons à ta voix ;
  Soumis à ta puissance,

A notre obéissance
Fais connaître tes lois.

GALAOR.

De mon pouvoir une fée ennemie,
Morgane, veut troubler la paix de ce séjour :
Mon art m'apprend que sa haine endormie
Doit se réveiller en ce jour.
Éloignez-la de ces rivages,
Trompons ses efforts impuissants.
A son approche, embrasez vos volcans ;
Et vous, autour de ces bocages,
Esprits des eaux, déchaînez les torrents,
Appelez les orages.

SALAMANDRES.

Pour l'éloigner de ces rivages
Nous allumerons nos volcans.

ONDINS.

Nous appellerons les orages,
Nous déchaînerons les torrents.

ENSEMBLE.

| SALAMANDRES. | ONDINS. |
|---|---|
| Pour l'éloigner de ces rivages, | Pour l'éloigner de ces rivages, |
| Nous embraserons nos volcans ; | Nous déchaînerons les torrents ; |
| La foudre, du sein des nuages, | La foudre, du sein des nuages, |
| Descendra sur l'aile des vents. | Descendra sur l'aile des vents. |

(*Ils sortent.*)

# SCÈNE II.

### GALAOR, RABIEL.

##### RABIEL.

D'où peuvent naître vos alarmes?
En ces lieux tout vous est soumis :
De la beauté dont vous êtes épris
Chaque jour augmente les charmes :
Zirphile est dans vos mains.

##### GALAOR.

Elle fait mes tourments.

##### RABIEL.

A vos empressements
Son cœur serait-il insensible?

##### GALAOR.

Ah! puisse-t-il encor long-temps
A l'amour être inaccessible!

##### RABIEL.

Quel étrange souhait!

##### GALAOR.

Apprends
L'excès du mal qui me dévore :
Des feux du desir consumé,
J'aime Zirphile, je l'adore,
Et je frémis d'en être aimé.

##### RABIEL.

Daignez vous faire entendre :
Un gnome n'est pas un devin.

GALAOR.

Écoute-moi ; je vais t'apprendre
Quel est mon bizarre destin.
Du temps, malgré mon art, j'avais subi l'outrage.
Reine des jeunes amours,
Pour prix de mon fidèle hommage,
Morgane me rendit au printemps de mes jours.
J'avais promis de l'adorer sans cesse :
Le ciel entendit nos serments ;
Mais de retour à la jeunesse
J'oubliai la folle promesse
Que j'avais faite en mes vieux ans.
Aux rives du Catay, je vis, j'aimai Zirphile ;
Conduite à quatorze ans au fond de cet asile,
De ce cœur où sommeille encore le desir
J'épiais le premier soupir.
Ce matin, averti par une voix secrète,
De Salomon j'ouvre le livre d'or ;
Sous le signe de ma planète
Je lis ces mots dont je frémis encor :
« Si la beauté que ton cœur aime
« Connaît l'amour avant son vingtième printemps,
« Tu retombes à l'instant même
« Sous le pouvoir de Morgane, et du Temps. »

RABIEL.

Je tremble de vous voir bientôt en cheveux blancs.

GALAOR.

Tu me crois aimé de Zirphile ?

RABIEL.

Je ne crois rien, seigneur, mais jusques à vingt ans,
Garder un cœur est difficile.

GALAOR.

J'ai contre moi l'amour, la nature et le ciel.

RABIEL.

Vous avez pour vous Rabiel.

GALAOR.

Morgane est fée, et je crains sa puissance ;
Morgane est femme, et je crains sa vengeance.

RABIEL.

Mais vous la bravez en ces lieux.

GALAOR.

D'un berger gangaride elle éleva l'enfance ;
Il est jeune, il est beau ; si trompant tous les yeux,
Elle allait...

RABIEL.

Fiez-vous à mon expérience ;
Je suis gnome, seigneur ; vous savez que nos lois
Exigent qu'au moins une fois,
Dans le cours de nos ans nous changions de nature ;
D'une femme jadis, pour user de mes droits,
J'ai revêtu la forme et la figure.
J'étais jeune et jolie, on vantait ma pudeur :
De ma douce métamorphose
Je n'ai conservé qu'une chose,
C'est l'art de feindre avec candeur.

*AIR.*

Dormez, dormez tranquille !
Reposez-vous sur moi :
Votre chère Zirphile
Vous gardera sa foi.
D'une duègne sévère
J'aurai le caractère ;

Je connais des amants
Tous les déguisements.
Malheur au téméraire
Qui voudrait me tromper !
A ma juste colère
Il ne peut échapper.
　　　Promesses,
　　　　Caresses,
　　　　Largesses,
　　Seront sans effet ;
　　Les graces, les charmes
　　Sont de faibles armes ;
　　Je me ris des larmes
　　Dont j'ai le secret.

### GALAOR.

Subissons l'arrêt qui me lie.
L'Amour, qui préside à sa vie,
M'abandonne à vingt ans et son cœur et ses jours ;
　　Mais jusqu'à l'heure fortunée
　　Qui me livre sa destinée
　. Je n'en saurais changer le cours.
Armons-nous donc d'adresse et de prudence.
Du conseil des démons l'ordre supérieur
　　Réclame en ce jour ma présence ;
　Je m'y rendrai ;... mais Zirphile s'avance,
　Je veux interroger son cœur.

# SCÈNE III.

### GALAOR, ZIRPHILE, RABIEL.

GALAOR.

Approchez, belle Zirphile ;
Vous me cherchiez peut-être ?

ZIRPHILE.

Non, seigneur.

RABIEL, *à Galaor*.

Vous voilà plus tranquille.

GALAOR, *à Zirphile*.

Vous avez l'air triste, rêveur ;
Quelque ennui secret vous dévore :
Apprenez-m'en la cause.

ZIRPHILE.

Je l'ignore.

GALAOR.

Vous préférez ces rochers menaçants
Aux bosquets enchantés, aux jardins ravissants
Où par-tout sous vos pas on voit les fleurs éclore ;
Des plus purs diamants j'ai construit vos palais :
Les vœux que vous formez sont déja satisfaits ;
Ici tout est soumis à votre aimable empire,
Tout enchante vos yeux.

ZIRPHILE.

Rien ne plaît à mon cœur.

GALAOR.

Que vous manque-t-il ?

ZIRPHILE.

Le bonheur.

RABIEL.

C'est l'amour qu'elle veut dire.

GALAOR, *à Rabiel.*

Malheureux...

(*à Zirphile.*)

Mais cet autre bien
Que votre ame desire,
Quel est-il donc?

ZIRPHILE.

Je n'en sais rien.

*AIR.*

Dans une retraite profonde
Je me plais à m'ensevelir;
J'y rêve, au sein d'un autre monde,
Je ne sais quel autre plaisir.
Dans une route solitaire,
A travers les feux et les fleurs,
Je suis un être imaginaire
Dont l'absence cause mes pleurs.
Les charmes de l'étude,
Les douceurs du repos,
De mon inquiétude
Ne calment pas les maux.

GALAOR, *à Rabiel.*

Avec terreur je l'écoute.

RABIEL.

Seigneur, elle est sur la route,
J'ai fait aussi ce rêve-là.

GALAOR, *à part.*

Sur elle-même effrayons-la.

(*à Zirphile.*)

Que je vous plains, Zirphile!
D'un démon envieux je reconnais les coups.

ZIRPHILE.

O ciel!

GALAOR.

Ne craignez rien; dans cet aimable asile
Vous pouvez braver son courroux.
Dès le jour de votre naissance,
Par un arrêt cruel dévouée à l'Amour,
Pour vous soustraire à sa puissance,
Ma tendre vigilance
Vous transporta dans ce séjour.

ZIRPHILE.

Qu'ai-je fait à l'Amour?

GALAOR.

L'astre où vous êtes née
M'apprend votre destinée;
Je la révèle, il en est temps :
Si de l'amour, avant vingt ans,
Vous éprouviez la folle ivresse,
Plus de beauté, plus de jeunesse,
Vous verriez la laideur
Flétrir ce front charmant qu'embellit la pudeur.

ZIRPHILE.

Je cesserais d'être jolie!

GALAOR.

Et s'il arrivait qu'un amant
Vous prît un baiser seulement,

Vous perdriez la vie.

ZIRPHILE.

Je mourrais !

GALAOR.

Au même moment.

RABIEL.

Vous mourrez au même moment.

*TRIO.*

| ZIRPHILE. | GALAOR, RABIEL. |
|---|---|
| Contre l'amour je défendrai mon ame; | Contre l'amour défendez bien votre ame; |
| Sa dangereuse flamme | Que sa coupable flamme |
| Dans mon cœur n'aura pas d'accès. | Dans votre cœur n'entre jamais. |

GALAOR.

Si vous aimez, vous perdez vos attraits.

ZIRPHILE.

Non, non, je n'aimerai jamais.

GALAOR.

Peut-être ai-je su vous plaire ?

RABIEL, *à Galaor.*

Voyez-vous son embarras ?

GALAOR.

Zirphile, soyez sincère.

ZIRPHILE.

Vous seul cherchez à me plaire,
Mais vous ne me plaisez pas.

RABIEL, *à Galaor.*

Cela doit vous satisfaire.

GALAOR.

Quand vous aurez vingt ans, l'Amour
Unira mon cœur et le vôtre.

ZIRPHILE.

Je le sens bien, si de l'amour
Je dois mourir avant ce jour,
Ce sera de la main d'un autre.

RABIEL, *à Galaor.*

Vous aviez peur d'être adoré,
N'êtes-vous pas bien rassuré?

GALAOR.

Je suis un peu trop rassuré.

*ENSEMBLE.*

| GALAOR. | ZIRPHILE. | RABIEL. |
|---|---|---|
| De la peur qui m'entraîne | La crainte qui m'enchaîne | De la peur qui l'entraîne |
| Quel est donc le pouvoir? | Fait aussi mon espoir; | Tel est donc le pouvoir; |
| Je l'écoute sans peine; | Je me livre sans peine | Il l'écoute sans peine; |
| Dans l'aveu de sa haine | A l'aveu de ma haine | Dans l'aveu de sa haine |
| Je cherche mon espoir. | Qui brave son pouvoir. | Il cherche son espoir. |

GALAOR, *lui montrant l'entrée d'un bosquet de myrtes.*

Vous chérissez ce doux ombrage,
Où souvent je vous vois rêver.

ZIRPHILE.

Sans la peur de vous y trouver
Je l'aimerais bien davantage.

RABIEL, *à part à Galaor.*

Vous aviez peur d'être adoré,
N'êtes-vous pas bien rassuré?

*ENSEMBLE.*

| GALAOR. | ZIRPHILE. | RABIEL. |
|---|---|---|
| De la peur qui, etc | La crainte qui, etc. | De la peur qui, etc. |

GALAOR.

Je vous quitte.

ZIRPHILE.

Bientôt, seigneur?

GALAOR.

Dans un moment

Mais pour calmer votre tristesse,
Je veux que des plaisirs divers
Autour de vous se succèdent sans cesse.
Légers enfants des airs,
Sylphes soumis à ma puissance,

( *Ils accourent.* )

Zirphile est reine en mon absence;
Charmez-la par vos jeux et par vos doux concerts.

# SCÈNE IV.

### ZIRPHILE, RABIEL, SYLPHES et SYLPHIDES.

#### CHŒUR DE SYLPHES.

( *Chanté, dansé.* )

D'une aile légère,
Avec les zéphyrs,
Volons sur la terre,
Semons les plaisirs;
Par ce jeu frivole
Au temps qui s'envole
Dérobons ses droits;
La beauté qui passe,
La fleur qui s'efface,
Disent à-la-fois:
D'une aile légère,

Avec les zéphyrs,
Parcourons la terre,
Semons les plaisirs.

ZIRPHILE, *avec inquiétude.*

N'est-il sur la terre
Que ces vains plaisirs?

RABIEL, *sortant.*

Veillons par-tout d'un œil sévère,
Écartons de ces bords l'amour et ses plaisirs.

SYLPHES.

Laissons des noirs abymes
Les tristes profondeurs;
Sur les riantes cimes
Faisons naître les fleurs;
Bercés par la folie,
Laissons couler la vie
A l'abri des regrets;
Sans mesurer l'espace
Arrivons à la place
Qu'ombragent les cyprès.

ZIRPHILE, *entrant dans le bosquet de myrtes, où elle reste en vue.*

Je trouve au fond de ce bocage
Je ne sais quels charmes secrets.
(*La danse et les jeux des Sylphes continuent.*)
Si je pouvais sous cet ombrage
Revoir encor la douce image
Qu'un songe offrit à mes regrets.
(*Elle se couche à moitié sous un myrte.*)

MORGANE, *dans les airs.*

Tu vas revoir la douce image

Qu'un songe offrit à tes regrets.

Jeunes amants, dans ce bocage,

Retracez de l'amour les jeux et les attraits.

#### ZIRPHILE.

Qu'ai-je entendu? l'amour... Je le fuis, je l'implore;

Ah! je le vois, je rêve encore.

#### CHŒUR.

Retraçons de l'amour les jeux et les attraits.

(*Plusieurs groupes de jeunes amants remplacent les Sylphes et exécutent les danses les plus voluptueuses.*)

(*Pendant la danse le ciel s'obscurcit. Quelques Ondins et quelques Salamandres viennent successivement prévenir Rabiel, qui rentre à la fin de la danse, en lui montrant la mer; il témoigne de l'inquiétude à la vue d'une barque qui se montre dans le lointain.*)

#### RABIEL.

Quel bruit vient troubler la fête!

(*Zirphile sort du bosquet, et regarde la mer; Rabiel veut détourner son attention.*)

#### SYLPHIDES.

Le jour fuit,

L'éclair luit;

De la tempête

Fuyons les coups,

Retirons-nous.

#### RABIEL, à *Zirphile*.

De la tempête

Fuyez les coups,

Retirez-vous.

(*Il ordonne aux Sylphes d'emmener Zirphile qui regarde,*

*en s'éloignant, le rivage avec une curiosité plus vive et plus inquiète.*)

# SCÈNE V.

### RABIEL, SALAMANDRES, ONDINS.

#### RABIEL.

Le voilà, c'est lui-même; amis, accourez-tous,
  Notre ennemi s'offre à nos coups.

##### CHOEUR.

Qu'il périsse au sein du naufrage;
  Qu'au lieu du port,
  Sur ce rivage
Il ne rencontre que la mort.

(*Les Ondins tourmentent les flots; les Salamandres vomissent des flammes et allument un volcan sous-marin; la barque lutte avec effort. On aperçoit Fleur de Myrte qui monte au haut du mât pour se soustraire aux flots prêts à l'engloutir; au moment où la barque s'abyme, la fée paraît sur un rocher, jette son écharpe dans la mer: tout-à-coup on voit s'élever sur un nuage de pourpre le jeune navigateur endormi; Morgane dirige son vol à l'aide de son écharpe.*)

##### RABIEL, LE CHOEUR, *en s'éloignant.*

Il périt au sein du naufrage;
  Sur ce rivage
  Au lieu du port
Il a trouvé la mort.

**FIN DU PREMIER ACTE.**

# ACTE SECOND.

—

Le théâtre représente la partie la plus riante de l'île de Galaor; d'un côté on voit une fontaine magique; de l'autre un bosquet de myrtes en fleurs; dans le fond un palais de la plus élégante structure.

## SCÈNE I.

### MORGANE, FLEUR DE MYRTE, *endormi.*

#### MORGANE.

Armé contre l'amour, de ses propres bienfaits,
C'est à lui, Galaor, de punir tes forfaits;
    Des vents et de l'abyme
    J'ai sauvé ta victime;
  Mes vœux ne sont point satisfaits :
Il faut que je triomphe au sein de cet asile.
    De Fleur de Myrte et de Zirphile
    Dépend ton sort et ton espoir;
  Qu'ils s'aiment, Morgane outragée
    A l'instant est vengée.
  Tu retombes en mon pouvoir :
Mais de ces lieux, encore maître,
Avant que les mêmes serments
  Unissent ces deux amants,
A tes yeux je ne puis paraître.

*AIR.*

Tremble, perfide, il en est temps ;
Que de plaisirs ce jour m'apprête !
Je puis voir aujourd'hui ta tête
Se courber sous le poids des ans :
 De ma seule tendresse,
 Tu reçus la jeunesse ;
Tu la reçus pour me trahir.
 En vengeant mon outrage
 Je détruis mon ouvrage,
Tu verras si je sais haïr !
Profitons bien de son absence ;
Nos instants sont comptés... Mais Zirphile s'avance,
Veillons sur eux.

(Elle sort.)

# SCÈNE II.

## ZIRPHILE, FLEUR DE MYRTE, *endormi.*

### ZIRPHILE.

Le ciel a repris sa clarté,
 Sa lumière est plus pure ;
 L'oiseau, sous la verdure,
Chante avec plus de volupté,
 L'onde plus doucement murmure ;
 Tout est calme dans la nature.
Hélas ! pourquoi mon cœur est-il seul agité ?
Le même objet toujours me suit et me tourmente !
 (*Elle entre dans le bosquet de myrtes.*)
Je crains pour mes myrtes chéris ;

L'orage n'a-t-il pas...

(*apercevant Fleur de Myrte.*)

Ciel!... à mes yeux surpris

Quel objet se présente?

Approchons... Si j'osais,.. Je suis toute tremblante;

C'est lui que dans mon rêve...

FLEUR DE MYRTE, *s'éveillant*.

Où suis-je?... Quelle erreur?

(*il la voit.*)

Non, non, je vis encor...

ZIRPHILE.

Que sa voix est touchante !

FLEUR DE MYRTE.

De ces beaux lieux; reine charmante,

Daignez m'instruire...

ZIRPHILE.

O plaisir! ô terreur !

FLEUR DE MYRTE.

Dès long-temps à mon cœur votre image est présente.

ZIRPHILE, *se retire tout auprès de la fontaine*.

Il approche, évitons ses pas.

FLEUR DE MYRTE *la suit*.

Zirphile, ne me fuyez pas.

ZIRPHILE, *étonnée*.

Il sait mon nom ! Illusion chérie !

FLEUR DE MYRTE.

ROMANCE.

Zirphile, à l'espoir le plus doux

Je livre mon ame ravie;

En fuyant, vous m'ôtez la vie

Que j'ai reçue auprès de vous.

*ENSEMBLE*

| ZIRPHILE, *se regarde dans la fontaine.* | FLEUR DE MYRTE. |
|---|---|
| Je voulais fuir et je l'oublie ; | Zirphile, je vous dois la vie, |
| Pourtant, je suis encor jolie. | Conservez-la, je vous supplie. |

Guidé par un charme secret,

Je vous aimais sans vous connaître ;

Je trouve, en vous voyant paraître,

Le bien où mon cœur aspirait.

*ENSEMBLE.*

| ZIRPHILE. | FLEUR DE MYRTE. |
|---|---|
| Je voulais fuir et je l'oublie, etc. | Zirphile, je vous dois la vie, etc. |

Je vois errer un mot bien doux

Sur cette bouche que j'adore ;

Ce mot d'amour, ma voix l'implore,

Je le répète à vos genoux.

( *Il lui prend la main en tombant à ses genoux : en la lui abandonnant, elle retourne la tête vers la fontaine.* )

*ENSEMBLE.*

| ZIRPHILE. | FLEUR DE MYRTE. |
|---|---|
| Vous exigez plus que ma vie : | Non, non, par l'amour embellie, |
| Je vais cesser d'être jolie. | Je vous vois toujours plus jolie. |

ZIRPHILE, *avec abandon.*

Ah ! c'est en vain que je balance encor,

Je me livre à ma destinée ;

Mes attraits sont flétris, ma jeunesse est fanée,

N'importe, il est trop vrai ; je vous...

( *On entend un grand bruit.* )

Ciel ! Galaor !

( *Galaor arrive sur un char traîné par des dragons. Au même moment Morgane touche de sa baguette Fleur de Myrte, qui se trouve enveloppé sous l'écorce d'un myrte.* )

# SCÈNE III.

## ZIRPHILE, GALAOR, RABIEL.

*(Galaor paraît avec une barbe noire, sous la forme d'un homme de quarante ans.)*

GALAOR, *à Zirphile.*

Approchez, approchez.

ZIRPHILE, *le regardant.*

Quelle surprise extrême !
Seigneur, vous n'êtes plus le même ?

RABIEL.

En effet, qu'est-il donc arrivé de fâcheux ?

GALAOR, *à Rabiel.*

Ce qui m'arrive, malheureux !...
Le berger gangaride...

RABIEL.

A l'aide des orages
Il a paru sur ces rivages
Pour y trouver la mort.

GALAOR, *à Zirphile.*

Vous gémissez...

ZIRPHILE.

Je pleure sur son sort.

GALAOR.

Vous l'avez vu ?

ZIRPHILE.

Sans le connaître.
Tout-à-coup à mes yeux je l'ai vu disparaître.

**GALAOR.**

Le ciel a trop puni vos regards indiscrets,
Vous avez perdu vos attraits.

**ZIRPHILE.**

Que dites-vous?...

**GALAOR.**

Fuyez: mon ame émue
Ne peut soutenir votre vue.

**RABIEL.**

Allez au fond des bois, dans des lieux ignorés,
Cacher à tous les yeux vos traits défigurés.

(*Zirphile sort en se cachant la figure, après avoir jeté les
yeux sur la fontaine, où elle paraît sous une forme hi-
deuse.*)

# SCÈNE IV.

### GALAOR, RABIEL.

**GALAOR.**

Mais dis-moi, Rabiel, es-tu sûr que l'orage
M'ait vengé d'un rival?

**RABIEL.**

J'ai vu porter le coup fatal;
Les débris de sa nef ont couvert le rivage;
La foudre de sa vie a terminé le cours.
Mais vous avez, seigneur, hérité de ses jours.

**GALAOR.**

Je suis dans mon été.

**RABIEL,** *à part.*

Que le ciel me pardonne,

Un seul regard de plus il était dans l'automne.

GALAOR, *à Rabiel.*

Cours, et qu'on la ramène à l'instant dans ces lieux.

(*Rabiel sort.*)

# SCÈNE V.

### GALAOR, *seul.*

Dans un séjour mystérieux,
.  Et qu'un charme invincible
Rend désormais inaccessible,
Il est temps de cacher Zirphile à tous les yeux.

*AIR.*

Morgane, ta fureur est vaine,
Tu ne m'ôtes rien en ce jour;
L'âge où je suis accroît la haine,
Mais il n'affaiblit pas l'amour.
Dans les transports de la jeunesse,
Mon cœur en proie à son ivresse
Se consumait dans les desirs;
Maintenant, maître de moi-même,
Sans me presser je hais ou j'aime :
Je puis attendre mes plaisirs.

# SCÈNE VI.

### GALAOR, RABIEL.

#### RABIEL.

Ce jeune audacieux, sauvé de la tempête,
Sur ces rochers lointains s'est offert à mes yeux.

#### GALAOR.

J'y cours. A mon bras furieux
Rien ne peut dérober sa tête.

(*Il sort.*)

# SCÈNE VII.

### MORGANE, *seule*.

Hâte-toi! Galaor,
Poursuis une ombre qui t'entraîne,
Et, dans une recherche vaine,
Perds le temps qui te reste encor;
L'Amour en saura faire usage:
C'est à lui seul d'achever son ouvrage.

(*Morgane entre dans le bosquet, touche l'arbre; Fleur de Myrte reparaît; Morgane s'éloigne.*)

# SCÈNE VIII.

### FLEUR DE MYRTE, ZIRPHILE,

FLEUR DE MYRTE.

O toi, qui veilles sur mes jours,
Morgane, tendre bienfaitrice,
De ta main protectrice
Je trouve par-tout le secours :
Pour dernière faveur, fais-moi revoir encore
Cet objet charmant que j'adore !

ZIRPHILE, *couverte d'un voile,*

Je me suis vue avec effroi ;
Ah ! s'il allait reparaître,
Il ne pourrait me reconnaître.

FLEUR DE MYRTE.

Je vous retrouve enfin.

ZIRPHILE.

Hélas ! ce n'est plus moi.
Pour me punir de ma tendresse,
Dans son courroux,
Un dieu jaloux
M'a ravi, sans pitié, la beauté, la jeunesse.

FLEUR DE MYRTE.

Quel ennemi de mon bonheur
A pu vous inspirer ces frivoles alarmes ?
Pourquoi ce voile sur vos charmes ?
Laissez-moi l'écarter.

ZIRPHILE, *l'arrêtant.*

Je vous ferais horreur.

(*Un miroir soutenu par un sylphe paraît dans le bosquet de myrtes.*)

FLEUR DE MYRTE.

Consultez la glace fidéle
Qu'apporte un sylphe aux ailes d'or.

ZIRPHILE.

Je sais que je ne suis plus belle;
Mais, si je puis vous plaire encor...

(*Il la présente au miroir et soulève son voile.*)

   Je vois... Bonheur suprême!
C'est vous... Mais est-ce bien moi-même?
Partagez-vous ma douce erreur?

FLEUR DE MYRTE.

Regardez-vous d'un œil tranquille;
   Je vous vois là, Zirphile,
Comme vous êtes dans mon cœur.

ZIRPHILE.

C'en est assez pour moi; c'est pour vous que je tremble;
Je brave, en vous aimant, des périls trop certains.

FLEUR DE MYRTE.

Il n'en est plus, Morgane nous rassemble;
   Elle veille sur nos destins.

DUO.

Près de vous mon ame ravie
N'invoque plus d'autre avenir.

ZIRPHILE.

Ce jour qui commence ma vie
Peut-être la verra finir.

FLEUR DE MYRTE.

Ah! je puis perdre la lumière;
Qu'ai-je à regretter maintenant?

ZIRPHILE.

Oui, l'existence tout entière
Est dans un semblable moment,
  Je brave un tyran farouche.

FLEUR DE MYRTE.

Quoi! rien ne saurait le fléchir?

ZIRPHILE.

  Un ordre de votre bouche
Pourrait seul m'en affranchir.

FLEUR DE MYRTE.

Parlez, parlez, que faut-il faire?

ZIRPHILE.

Je suis résignée à mon sort.

FLEUR DE MYRTE.

  Parlez...

ZIRPHILE.

  Je dois me taire.
Hélas! il y va de la mort.

ENSEMBLE.

Ah! je puis perdre la lumière:
Qu'ai-je à redouter maintenant?
Oui, l'existence tout entière
Est dans un semblable moment.

# SCÈNE IX.

## MORGANE, FLEUR DE MYRTE, ZIRPHILE, RABIEL.

RABIEL, *arrivant avec précipitation et appelant Galaor.*
C'est lui-même, seigneur.

ZIRPHILE, *à Fleur de Myrte.*
Fuyons dans ce bocage.

GALAOR.
Non, perfide, à ma rage
Tu n'échapperas pas...

ZIRPHILE, *pressant Fleur de Myrte dans ses bras.*
Que le même trépas
A l'instant nous rassemble.

GALAOR.
Eh bien ! vous périrez ensemble.

(*Il s'élance pour les saisir, et s'arrête, effrayé, en voyant
le terrain qui s'élève et met un obstacle entre lui et les
deux amants, qui se tiennent embrassés.*)

Que vois-je ! un pouvoir odieux !...
Salamandres, à moi !... Morgane est en ces lieux.

GALAOR, CHŒUR.
Que les feux s'allument,
Sillonnent, consument,
Ces funestes lieux !

Qu'à $\left\{ \begin{matrix} ma \\ sa \end{matrix} \right\}$ voix la foudre
Tombe, mette en poudre
Ce couple odieux.

(*Des feux s'élèvent de dessous terre et s'éteignent à l'instant
    même ; les Salamandres, armés de brandons, se prépa-
    rent à incendier le bosquet où Galaor se précipite.*)

ZIRPHILE.

Dérobons-nous à leur furie ;
Fleur de Myrte apprends mon secret :
Du destin accompli l'arrêt ;
D'un baiser, ôte-moi la vie.

(*Fleur de Myrte l'embrasse ; à l'instant les Salamandres
    disparaissent. On voit Morgane entre les deux amants ;
    le terrain s'abaisse, et tout-à-coup Galaor se trouve méta-
    morphosé en vieillard courbé sous le poids des ans.*)

MORGANE.

Eh bien ! superbe Galaor,
Modéle de reconnaissance,
Le temps a-t-il fixé ton inconstance ?
D'un cœur tendre et soumis me rends-tu le trésor ?

GALAOR.

Tu l'emportes, Morgane,
Et de l'arrêt qui me condamne
Je subis toute la rigueur ;
Dans ton amour-propre blessée,
Tu jouis en femme offensée...

MORGANE.

Je t'accable de leur bonheur.

GALAOR.

J'ai trompé ta tendresse,
Ce souvenir charmera ma vieillesse ;
Femmes, si je ne puis désormais vous trahir,
De l'âge j'apprendrai du moins à vous haïr !

(*Il sort.*)

MORGANE, *aux deux amants*.

Vous dont j'ai protégé l'enfance,
Dont j'ai nourri l'ardeur,
Qu'une mutuelle constance
Éternise votre bonheur.
Près des amants fidéles,
Tour-à-tour, oubliant leurs ailes,
L'Amour se joue avec le Temps :
Heureux du nœud qui les rassemble,
Sans vieillir, ils meurent ensemble,
Et leur vie est un long printemps.

### CHŒUR FINAL.

Près des amants fidéles,
Tour-à-tour, oubliant leurs ailes,
L'Amour se joue avec le Temps :
Heureux du nœud qui les rassemble,
Sans vieillir, ils meurent ensemble,
Et leur vie est un long printemps.

**FIN DU SECOND ET DERNIER ACTE.**

# NOTES

## SUR L'OPÉRA DE ZIRPHILE.

———

J'ai eu pour collaborateur, dans ce petit ouvrage, M. Lefebvre, jeune auteur de quelques jolis morceaux de poésie et de littérature, que je desirais introduire dans la carrière dramatique, où je le croyais appelé à de brillants succès. Le commerce l'a enlevé aux Muses; il est à desirer que le commerce le leur rende. Le goût, la sensibilité, la grace, caractérisent son talent.

L'éloge de la musique de cet opéra est tout entier dans le nom du grand musicien qui l'a composée. Peu curieux de sa gloire, et trop facile à se décourager dans une carrière où l'intrigue a tant de part au succès, M. Catel a cependant rempli sur notre scène lyrique la haute destinée où l'appelait son génie. On n'ignore point par quelle rare alliance, il a su joindre à une grande érudition musicale le goût exquis qui le distingue parmi les compositeurs.

Ces qualités se trouvent particulièrement dans *Zirphile et Fleur de Myrte;* presque tous les airs, les chœurs de cette charmante composition, sont restés gravés dans la mémoire des connaisseurs. Je n'ai pas besoin de rappeler ici les excellentes partitions des *Aubergistes de qualité, de l'auberge de*

*Bagnères*, de *Wallace*, et particulièrement celle du grand opéra classique de *Sémiramis*, qui suffirait à la réputation de son auteur.

Peu d'ouvrages prêtaient autant que *Zirphile* au charme des décorations : il demandait à être monté avec une fraîcheur et une magnificence dont l'administration ne jugea pas à propos de faire les frais.

# VELLEDA,

## ou

# LES GAULOISES,

## OPÉRA

### EN CINQ ACTES.

# PREAMBULE HISTORIQUE.

Personne ne conteste à M. de Châteaubriand, une imagination féconde et un coloris d'un grand effet. Il est né avec une ame poétique; son coup d'œil est vaste et il possède quelque chose de cette *magniloquence*, que Tertullien attribue aux paroles de la Bible. Heureux, si une plus grande maturité de talent lui eût permis de chercher dans ses méditations le moyen d'accomplir cette alliance délicate entre le génie et le goût, qui seule constitue l'immortalité littéraire, et place l'écrivain au nombre des modèles.

La postérité ne dédaignera pas toutefois des œuvres empreintes d'une originalité très remarquable, et qui ne peuvent, dans leurs défauts même, avoir pour auteur qu'un homme doué d'une haute intelligence. Ce qui fera vivre M. de Châteaubriand, ce ne seront ni les vieilles théories qu'il a cru rajeunir, ni les systèmes bizarres qu'il a soutenus, ni les doctrines étranges qu'il a voulu animer d'un souffle poétique: ce seront d'éclatants tableaux, quelques pages où il s'est montré grand peintre d'histoire, et principalement trois épisodes, qu'il a jetés dans ses ouvrages, et qu'il faut compter au nombre des créations les plus ingénieuses, et les plus passionnées de la littérature romantique : *Atula*, *René*, et *Velleda*.

M. de Châteaubriand, dans ces trois épisodes, abandonne les sentiments factices et les idées paradoxales qu'il prodigue par-tout ailleurs : rentré dans le cœur humain et dans la nature, il redevient simple, brûlant, passionné, pathétique, et obtient des grands effets par des moyens simples : c'est

23.

là qu'il se montre dans toute la force et dans toute l'indé-
pendance de ses hautes facultés. Son style franc, audacieux,
correspond exactement au sentiment vrai et aux pensées
profondes qui l'agitent.

Persuadé, comme je l'ai déja indiqué plus haut, que
l'opéra tient à-la-fois de la tragédie, de l'épopée, et du ro-
man, j'ai cru trouver dans le sujet de Velleda, la réunion
de ces diverses convenances. Il m'offrait en même temps
des situations dramatiques, des fictions romanesques, et un
intérêt épique qui s'attachait au berceau de la monarchie
française.

J'ai travaillé une année entière à cet ouvrage que j'ai
voulu composer dans un système nouveau. Cinq actes
étaient nécessaires à l'exécution du plan que je m'étais tra-
cé ; j'avais besoin de cette étendue, d'ailleurs consacrée par
le chef-d'œuvre de Quinault (*Armide*), pour donner à ma fa-
ble le développement qu'elle exigeait, sans violer les régles
de l'art, ou du moins sans abuser des concessions faites à la
scène lyrique.

On l'a dit avec raison ; le poëme d'un opéra devrait, par
la régularité du rhythme et la mélodie du vers, offrir au
compositeur, non seulement des paroles mesurées, mais
une *musique commencée.* Ce mot n'est pas seulement sin-
gulier, il est vrai. Le rhythme du vers, la prosodie que
le poète adopte, la cadence qu'il reproduit régulièrement
ou qu'il brise à dessein, décident de la mélodie que le
musicien doit employer. Après avoir étudié avec un grand
soin ces nécessités locales, ces convenances qui, atten-
tivement observées, doivent rendre plus étroite et par
conséquent plus délicieuse l'union de la poésie et de la
musique, j'ai cherché dans ce poëme lyrique à rem-
plir les nouveaux devoirs que je m'imposais à moi-même ;

et j'ai composé sur des rhythmes particuliers et exacts, les chœurs de cet opéra.

C'est au lecteur à se rendre compte de la part d'invention et de la part d'imitation qui s'y trouvent. Je n'ai point emprunté à M. de Châteaubriand sa fable, je me suis borné à imiter les couleurs dont il a peint le caractère de Velleda: j'ai usé du privilége de l'auteur dramatique, pour placer cette vierge et cette amante dans des situations que l'auteur des martyrs n'a pas même indiquées dans son brillant épisode. Le dénouement que j'ai rendu heureux, diffère encore plus complétement de celui que M. de Châteaubriand a imaginé.

On verra dans les notes quel a été le sort de mes *Gauloises*, et pourquoi celui de mes ouvrages lyriques auquel j'ai consacré le plus de veilles est resté jusqu'ici éloigné de la scène.

# PERSONNAGES.

VELLEDA, Druidesse.

MÉROVÉE, chef des Francs ou Sicambres.

LOVIS, confident de Mérovée.

ISUL, vieux guerrier gaulois.

FLAVIUS, préteur romain.

ÉMYDAS, femme de la suite de Velleda.

GUERRIERS GAULOIS, FRANCS ET ROMAINS.

PASTEURS DE L'ARMORIQUE.

BARDES ET EUBAGES.

La scène se passe dans l'Armorique, aujourd'hui la
Bretagne.

# VELLEDA,

## OPÉRA.

~~~~~~~~~~~~~~~~~~~~~~~~~~~~~~~~~~~~~~~~~~~~~~~~~~~~~~~~~~~~~~~~

# ACTE PREMIER.

—

Le théâtre représente les bords escarpés d'un lac; à droite
une vaste forêt; du même côté, dans le fond, d'immenses
rochers; à gauche, le passage moins sombre permet à la
vue de s'étendre sur le lac, au bord duquel on voit une
petite partie de la ville des Gaulois. Le jour tombe, le
ciel est orageux.

## SCÈNE I.

**MÉROVÉE, LOVIS,** *sous l'habit de soldats romains;
on les voit arriver sur une barque, et descendre des ro-
chers pendant la ritournelle.*

### MÉROVÉE.

Arrêtons-nous, Lovis... Je reconnais ces lieux,
Ces grands bois, ces torrents, ce rocher solitaire.

### LOVIS.

Quel est cet étrange mystère?
Où portons-nous nos pas audacieux?
Fils du vieux roi des Francs dont l'invincible armée
Menace à-la-fois Rome et la Gaule alarmée,

Loin du camp paternel, sous l'habit des Romains,
 A travers les vents, les orages,*
 Pourquoi braver sur ces rivages
Des ennemis nombreux et des périls certains?

MÉROVÉE.

 Fidéle ami de Mérovée,
 Il est temps de t'ouvrir mon cœur,
 Et d'instruire enfin ta valeur
Du projet téméraire où je l'ai réservéc.
Tu te souviens, Lovis, de ce combat fameux
Où séparé des miens, dans ma course incertaine,
Seul, fuyant à regret devant l'aigle romaine,
Je poussai dans les flots mon coursier généreux.
Pendant trois jours ces bois m'ont caché sous leurs ombres;
Mais privé de secours, dans ces asiles sombres,
 Et de la mort n'ayant plus que le choix,
 J'allois périr sous le fer des Gaulois.
Une femme.... ici même.... O souvenir céleste!
Apparaît comme une ombre au sommet du rocher.
 Ma plainte émeut sa pitié que j'atteste;
Et tremblante vers moi je la vois s'approcher.

AIR.

 J'ai franchi la voûte éternelle;
 Au sein d'un glorieux repos
 Je crois voir la vierge immortelle
 Que Thuiston promet aux héros.
  Sa parole magique
  Assoupit ma douleur;
  Son regard prophétique
  Est déja le bonheur.
 Près d'elle mon ame ravie

Croit voir briller un nouveau jour;
Ses soins me rendent à la vie,
Son regard m'enivre d'amour.

LOVIS.

Quel est son rang et son nom?

MÉROVÉE.

Je l'ignore;
J'ai gardé mon secret et respecté le sien.
Depuis ce jour, en proie au feu qui me dévore,
En vain j'ai combattu.... Près d'elle je revien,
Je veux la voir, et si tu me secondes,
Du sein de ces forêts profondes
Nous saurons l'arracher dans l'ombre de la nuit,
Et traversant les flots....

LOVIS.

Quel espoir te conduit?

Ne vois-tu pas....

MÉROVÉE.

Écoute!

(*Velleda paraît à travers les sapins qui couvrent la montagne, descend, et vient s'asseoir sur le rocher près d'un torrent.*)

# SCÈNE II.

LES MÊMES, VELLEDA.

VELLEDA.

Ah! qu'il tarde à s'éteindre,
Ce jour dont je hais la clarté!

MÉROVÉE.

C'est sa voix!

LOVIS.

Songe à te contraindre.

MÉROVÉE.

De quel espoir mon cœur est transporté !

VELLEDA.

AIR.

Le vent du nord a passé sur nos têtes ;
Il gronde encor dans les antres glacés ;
   Sous les ailes de la tempête
Les noirs sapins ont été renversés ;
   Mais d'une crainte passagère
   Un moment dissipe l'horreur,
   Le calme renaît sur la terre,
   Il n'entrera plus dans mon cœur.

MÉROVÉE.

Je n'en puis plus douter, c'est elle,
Et je cours....

LOVIS.

       Tu la perds pour jamais.
Attendons que la nuit fidèle
Dérobe à tous les yeux nos pas et nos projets.

VELLEDA.

SUITE DE L'AIR.

D'un Dieu cruel la main puissante
Alluma dans mon sein tremblant
La flamme active, dévorante,
Qu'exhale mon souffle brûlant.
   Sous ses voiles humides
La nuit enchante mes douleurs,
   Seule à mes yeux arides
Elle fait retrouver des pleurs.

MÉROVÉE.

Tu m'arrêtes en vain.

LOVIS.

Vers nous quelqu'un s'avance,

Fuyons.

(*Il entraîne Mérovée dans la forêt.*)

# SCÈNE III.

### VELLEDA, ISUL.

ISUL.

Toujours au même lieu, son regard, son silence,
Révèlent de son cœur les pénibles secrets.
Velleda!...

VELLEDA.

Qui m'appelle!

ISUL.

D'Isul reconnaissez la voix.

(*Elle descend et vient à lui.*)

Illustre rejeton d'une tige immortelle,
Interprète sacré de nos dieux, de nos lois,
La nuit va ramener la fête solennelle
Qui doit du joug romain affranchir les Gaulois.
Ma fille (permettez ce nom à ma tendresse),
Des peuples vous êtes l'appui;
Ils adorent en vous la beauté, la sagesse,
Et de leur jeune druidesse
Leur sort va dépendre aujourd'hui.

VELLEDA.

Tout est prêt pour la fête où votre espoir se fonde.

ISUL.

L'instant est favorable et le ciel nous seconde;
Menacé, poursuivi par les enfants du nord,
L'aigle des légions hésite, s'intimide,
        Et des Francs la horde homicide,
Pour servir nos projets, l'attaque sur ce bord.

VELLEDA.

Les Francs! Que dites-vous? Ce sont eux qu'il faut craindre,
Mon père!

ISUL.

        Je vous plains!

VELLEDA.

                Oui, vous devez me plaindre!
Vous connoissez mon cœur, vous savez quel poison
Égare ma pensée, enivre ma raison.

*DUO.*

ISUL.

Écartez ces images sombres,
Voyez la Gaule à vos genoux;
De vos aïeux, autour de vous,
Que la gloire évoque les ombres.

VELLEDA.

Hélas! de ces témoins muets
J'entends les reproches secrets.

ISUL.

Leur voix incessamment vous crie:
Songe, ma fille, à la patrie,
A ce Brennus dont tu descends.

VELLEDA.

Voix céleste de la patrie,
Ranimez mon ame flétrie,

Calmez l'orage de mes sens.

ISUL.

Le fils de l'étrangère
A vos yeux se montra,
Sa trace passagère
Bientôt disparaîtra.

VELLEDA.

· A la flèche légère
La mort s'attachera.

ISUL.

Fatal espoir, vœux homicides !
La fille des druides
Sacrifie à l'amour son pays malheureux !

VELLEDA.

Isul, qu'osez-vous dire ?
Sa gloire est le but où j'aspire,
C'est le dernier, le plus cher de mes vœux.

ISUL.

Ah ! d'un amour si pur reconnaissez l'empire,
Et suivez vos nobles desseins.

VELLEDA.

La fille des Gaules respire.

ISUL.

Ce jour verra fuir les Romains.

*ENSEMBLE.*

D'Herminsul le chêne sauvage
De son prophétique feuillage
A fait entendre les accents ;

Cette voix céleste ⎰ nous ⎱ crie
                   ⎱ me  ⎰

Songe, ma fille, à la patrie,

Songe aux héros dont tu descends.

VELLEDA.

Vous serez satisfait, Isul, j'ose le croire ;
Dans une heure les chefs gaulois,
Sur la plaine d'Hésus assemblés à ma voix,
Retrouveront l'éclat de leur antique gloire.
Déja, pour préparer ces immortels travaux,
De nos forêts sacrées
Les filles révérées
Vont jurer en mes mains d'inspirer les héros.

ISUL.

Au fond de leurs antres sauvages
Entonnant l'hymne des combats,
Les Senamis, les Bardes, les Eubages,
Sont prêts à suivre vos pas.

( *Il sort.* )

# SCÈNE IV.

### VELLEDA, *seule.*

*AIR.*

Haine terrible, amour funeste,
Unissez-vous dans mes transports,
Et de la force qui me reste
Soutenez les derniers efforts !
Dans mon cœur s'élève l'orage ;
Les vents avec moins de ravage
Dispersent les épis naissants ;
L'Océan avec moins de rage,
Franchissant l'humide rivage,

Frappe les rochers gémissants.
　　Mais au sein des alarmes
Quels souvenirs délicieux !
Je revois l'objet de mes larmes....
Un Sicambre a charmé mes yeux !...
Haine terrible, amour funeste,
Unissez-vous dans mes transports ;
Et de la force qui me reste
Soutenez les derniers efforts....
　　A l'amour, au malheur fidèle,
La nuit a déployé ses voiles azurés ;
　　Voici l'instant, Velleda vous appelle,
　　Filles des Gaules, accourez.


# SCÈNE V.

### VELLEDA, GAULOISES.

*( Quelques unes ont des torches à la main. )*

#### CHŒUR.

A ta voix, avec assurance,
A travers l'ombre et le silence,
Nous portons nos pas égarés.

#### VELLEDA.

Filles de ces nobles contrées,
D'un peuple antique et fier compagnes révérées,
Vous savez mes desseins. Cette nuit les Gaulois
Recouvrent leur patrie, et leurs dieux, et leurs lois.

#### *AIR.*

Femmes, votre présence inspire

Aux enfants de Brennus un espoir immortel.
Du respect, de l'amour, vous exercez l'empire,
    Et vos yeux ont l'éclat du ciel.
        Ranimez dans les ames
        Ces généreuses flammes,
    Présages d'un brillant destin;
    Et des forêts de l'Armorique
    Réveillez le peuple héroïque
    Au bruit du bouclier d'airain.

*(Quelques femmes donnent le signal en frappant sur le bou-*
*clier d'airain suspendu à un arbre; le signal se répète au*
*loin dans la forêt, et le chœur répète.)*

### CHŒUR.

        Ranimons dans leurs ames
        Ces généreuses flammes,
    Présage d'un brillant destin;
    Et des forêts de l'Armorique
    Réveillons le peuple héroïque
    Au bruit du bouclier d'airain.

*(Elles se dispersent dans la forêt.)*

FIN DU PREMIER ACTE.

# ACTE SECOND.

— 

Le théâtre représente le champ d'Hésus ou de Mars.

*La musique continue dans l'entr'acte, et imite le bruit
d'une émeute.*

## SCÈNE I.

ISUL, CHOEUR DE GAULOIS ET DE GAULOISES.

Marchons, l'airain sonore
Qui tonne au fond des bois
Sur les rochers encore
Prolonge au loin sa voix.
A ce signal terrible
Les morts se sont émus;
De son tombeau paisible
On voit sortir Brennus.
Le dieu de la vengeance
Sourit à nos projets,
Hésus brandit sa lance...
Sortons de nos forêts.

ISUL.

Peuples, de vos anciens druides
La fille, cette nuit, va paraître à vos yeux;
Et son aspect mystérieux
Annonce des périls à vos cœurs intrépides.

Pour accomplir ces grands évènements,
Vous réclamez un chef d'une valeur insigne;
Velleda parmi vous va choisir le plus digne,
Et recevoir ici vos immortels serments.

### CHŒUR.

Écoutez; la harpe lointaine
Annonce la fille des dieux;
Elle approche, sa douce haleine
S'échappe en sons mélodieux.

# SCÈNE II.

LES MÊMES, VELLEDA, SENAMIS, BARDES.

### BARDES.

Habitants des sombres royaumes,
    Accourez tous;
De la gloire brillants fantômes,
    Animez-vous;
De la patrie ombre plaintive,
    Du haut des airs
Viens, prête une oreille attentive
    A nos concerts!

### VELLEDA.

Reste d'un peuple magnanime
Dont la gloire jadis a rempli l'univers,
Voici l'instant marqué pour un effort sublime;
Au nom de Teutatès je viens briser tes fers.
Jurez-vous en mes mains d'accomplir sa vengeance?

### CHŒUR.

Nous le jurons entre tes mains,

Sous l'œil du dieu de la vengeance,
Nous périrons, ou des Romains
Nous secouerons l'obéissance.

VELLEDA.

Vous le jurez!

GAULOIS.

Entre tes mains,
Oui, nous jurons d'accomplir ta vengeance!

VELLEDA.

C'est assez. A l'instant
Sur l'autel du dieu de la guerre,
Plantez le glaive menaçant!

( *On plante une épée nue sur un tronc d'arbre qui sert
d'autel.* )

Du pouvoir de César que le dépositaire,
Par mon ordre arrêté, soit conduit en ces lieux.

CHOEUR, *avec effroi.*

Ciel! Flavius....

VELLEDA.

Va paraître à vos yeux.

ISUL.

Aux regards des Romains qui vont ici se rendre
Velleda ne doit point s'offrir.

VELLEDA, *au peuple.*

Songez que je vous vois, que je vais vous entendre,
Que vous avez juré de m'obéir.

( *Elle s'éloigne, entre dans une grotte autour de laquelle se
rangent les Bardes.* )

# SCÈNE III.

LES MÊMES, **FLAVIUS**, ROMAINS DE SA SUITE.

### ISUL.

Préteur, d'un trop long esclavage
Nous avons résolu de briser les liens.
Tes légions ont quitté ce rivage.
L'Armorique est armée, et pourtant sans outrage
Tu peux retourner vers les tiens.
Pour échapper à ta puissance
Nous n'avons point des Francs recherché l'alliance;
Libres du joug honteux où nous fûmes soumis,
Nous n'augmenterons pas vos nombreux ennemis;
Mais quittez pour jamais cette terre sacrée,
Où, sur l'autel d'Hésus, votre mort est jurée.

### FLAVIUS.

Qu'entends-je? Quelle audace! Il vous trompe, Gaulois.
D'un sujet révolté n'écoutez pas la voix.
Par une impardonnable offense
Voulez-vous de César attirer la vengeance?
Sur le bruit trop certain d'un complot odieux,
L'aigle des légions revole vers ces lieux;
Il sème la terreur, il apporte la foudre;
Vos cités, vos autels, seront réduits en poudre;
Vos fils partageront de cruels châtiments.
Songez à vos périls.

### VELLEDA, *cachée.*

Songez à vos serments.

ISUL.

D'un pouvoir vain, illégitime,
Le prestige est évanoui.

GAULOIS, *frappant sur leurs boucliers.*

Oui.

ISUL, *aux Gaulois.*

Acceptez-vous cet espoir magnanime?
Gaulois, de l'ardeur qui m'anime
Vos cœurs sont-ils embrasés?

GAULOIS, *frappant sur leurs boucliers.*

Oui.

*FINALE.*

ISUL.

Flavius! tu l'entends ce mot irrévocable.

FLAVIUS.

Il est de votre mort l'arrêt inévitable.

ISUL.

Fuis donc, rejoins tes étendards.

FLAVIUS.

La victoire ici les ramène.

ISUL.

Nous bravons leur menace vaine,
Le sort en est jeté.

FLAVIUS.

Je pars.

Bientôt la terreur et la guerre
Habiteront dans vos forêts.

ISUL, GAULOIS.

Va, l'excès de notre misère

Est le garant de nos succès.

FLAVIUS.

Souvenez-vous que la victoire
Dès long-temps a rivé vos fers.

ISUL.

Les monuments de notre gloire
Sont épars dans tout l'univers.

FLAVIUS.

Poursuivez un dessein frivole;
Rome attend vos guerriers proscrits.

ISUL.

Nous reverrons ce Capitole
Que nous avons brûlé jadis.

*ENSEMBLE.*

| ISUL, GAULOIS. | FLAVIUS, ROMAINS. |
|---|---|
| Entre nous et nos maîtres, | Insultez à vos maîtres, |
| En cette extrémité, | Esclaves révoltés; |
| Pour juges nous prenons nos dieux et nos ancêtres, | Vos souvenirs, vos dieux, vos femmes, vos ancêtres, |
| La gloire, la patrie et la postérité. | Ne pourront vous soustraire à nos bras irrités. |

( *On emmène les Romains.* )

# SCÈNE IV.

LES MÊMES, VELLEDA.

VELLEDA.

Ainsi donc l'Armorique
A de la liberté rallumé le fanal;
Les peuples de la Gaule antique
Répondent tous à ce signal.

Pour couronner ce jour de gloire,
Donnons un chef à la victoire.
Hésus, en ce moment, vous parle par ma voix ;
Il nomme.ce guerrier.

*( En montrant Isul au peuple.)*

CHOEUR

Tu préviens notre choix.

*ENSEMBLE.*

| LE CHOEUR. | ISUL. |
|---|---|
| Honneur au guerrier vénérable ! | Un dieu terrible, formidable, |
| Hésus lui-même arme son bras ; | M'ordonne de guider vos pas ; |
| Et sur son autel formidable | Et de son glaive redoutable |
| Il prend le glaive des combats. | Hésus lui-même arme mon bras. |

VELLEDA.

Compagnes des guerriers, présidez à leurs fêtes ;
Que la verveine en fleur s'enlace sur vos têtes !
De la vieille patrie et de ses nobles jeux
Ressuscitez les jours heureux.

*Fête gauloise.*

CHOEUR, *pendant la fête.*

FEMMES GAULOISES.

Voyez-vous la naissante aurore
Percer les ombres de la nuit ?
Son doux éclat promet encore
L'astre plus brillant qui la suit.
Brisez vos indignes entraves :
Ainsi vous renaîtrez au jour ;
Hésus, au céleste séjour,
Vous attend dans l'île des braves.

*( Cérémonie des enfants élevés sur les boucliers par leurs
pères et leurs mères.)*

CHŒUR DES FEMMES ET DES BARDES.

Jeune espoir des plus tendres mères,
Croissez pour l'amour, les combats;
Sur le bouclier de vos pères
Affermissez vos premiers pas.

( *La danse continue et prend tour-à-tour un caractère mili-*
*taire et gracieux.* )

CHŒUR DES GUERRIERS.

La mer, trop long-temps menaçante,
A rompu la digue impuissante
Que l'on opposait à ses flots;
De quatre siècles d'esclavage
Nous affranchissons le rivage
Où dorment les héros.

VELLEDA.

Du siècle qui s'achève
Le dernier jour brille à nos yeux:
Nous devons commencer le siècle qui se lève
Par un grand sacrifice en l'honneur de nos dieux.

UN SENAMIS.

De la forêt sacrée,
Par les Eubages entourée,
Déja l'airain sonore écarte les mortels;
Avant l'heure des saints mystères
Si quelques téméraires
Y portaient leurs pas criminels!...

LE CHŒUR GÉNÉRAL *répète ces trois vers.*

Teutatès au bord de l'abyme
Conduirait la victime
Qui doit tomber sur ses autels.

VELLEDA, *à part.*

Dieu de paix, éclaire l'abyme,
Et qu'une innocente victime
N'ensanglante pas tes autels.

FIN DU SECOND ACTE.

# ACTE TROISIÈME.

------

Le théâtre représente le bois sacré qui environne le temple de Teutatès, entouré de chênes séculaires, aux branches desquels sont suspendues des armures de fer et des harpes éoliennes. Ce lieu, dont la lune pénètre la religieuse obscurité, doit inspirer une secrète horreur; on découvre sur les hauteurs qui le dominent les Dolmins ou tombeaux des anciens druides.

## SCÈNE I.

### VELLEDA, *seule.*

Le torrent qui mugit au fond de la vallée
Ébranle des sapins la tête échevelée,
Et l'oiseau des écueils pousse un cri de douleur.
Les ombres des guerriers dans leurs tombeaux gémissent,
  Les armures frémissent...
  Le ciel nous annonce un malheur.
C'en est un que ma vie, et son fardeau m'accable.
Quel souvenir!... voici l'asile redoutable
Où je fus quelques jours son gardien, son appui :
  Ces lieux sont pleins de lui.
  D'une voix que mon cœur adore,
  Sous ces rochers j'entends encore
  Le murmure rempli d'appas.
  La vue à la terre attachée,

Sur la bruyère desséchée

Je vois l'empreinte de ses pas.

D'un espoir insensé mon ame est poursuivie;

Le souffle de l'amour a consumé ma vie :

Déja sont flétris mes beaux jours;

Cette coupable ivresse

De ma lente jeunesse

Abrégera le cours.

Du cyprès solitaire

L'ombre éteindra mes feux :

J'aurai fait sur la terre

Un rêve douloureux !

Ah ! du moins, avant qu'il finisse,

Écoutons un moment de plus nobles transports;

Que la gloire sourie à mes derniers efforts !

Voici l'heure du sacrifice...

Qu'ai-je entendu?... l'écho des bois

A la plainte du cor a répondu trois fois.

( *On entend le bruit du cor.* )

# SCÈNE II.

### VELLEDA, UN SENAMIS.

#### LE SENAMIS.

Nos vœux de Teutatès ont fléchi la colère,

Et du sein d'un vieillard

Détournant son poignard,

Il accepte en ce jour une offrande étrangère.

#### VELLEDA.

Comment?

LE SENAMIS.

Sous les débris des antiques Dolmins
Qu'habitent les ombres célèbres,
Parmi ces vestiges funèbres
Nous avons découvert deux perfides Romains :
L'un d'eux a fui, l'autre est entre nos mains.

VELLEDA.

Puisqu'il faut qu'un mortel périsse
Pour satisfaire à tes divines lois,
Teutatès, je bénis ton choix.
C'est un sang ennemi qu'exige ta justice.
Épargne celui des Gaulois...
La pléiade céleste à mes yeux s'est montrée.

( *regardant le ciel.* )

Au peuple, du lieu saint qu'on permette l'entrée.

# SCÈNE III.

**VELLEDA, ISUL, BARDES, SENAMIS, GAULOIS.**

LE CHEF DES SENAMIS,

( *d'abord seul, et se tournant de trois côtés.* )

Le gui l'an neuf! le gui sacré!

( *Le peuple entre de tous côtés.* )

CHOEUR GÉNÉRAL.

Quels cris d'amour et d'alégresse
Remplissent ce lieu révéré!
Chantons dans une sainte ivresse :
Le gui l'an neuf! le gui sacré!

( *On commence les apprêts de la récolte du gui. Les Sena-
mis étendent un tapis sous l'arbre, et approchent le mar-
chepied sur lequel doit monter la druidesse.* )

LES BARDES. ( *Bardit solennel.* )

( *Le chœur est accompagné par les harpes éoliennes et par le bruit mesuré des armes suspendues aux arbres.* )

Au pied de ces chênes antiques,
Sous leurs dômes religieux,
Répétez les chants prophétiques
De vos Bardes amis des dieux.

LE CHŒUR *répète ces quatre vers.*

La Gaule aux champs de la victoire
Reprend son vol audacieux,
Et vingt siècles de gloire
Vont tracer son cours radieux.

LES BARDES.

Au fond de ces bocages sombres,
Quels sont ces bruits mystérieux?
Voyez-vous voltiger des ombres?
Salut, mânes de nos aïeux!

LE CHŒUR *répète ces quatre vers.*

Le chant du Barde, à la mémoire
A consacré vos noms fameux;
Et vingt siècles de gloire
Les rediront à vos neveux.

UN SENAMIS.

Mortels, faites silence,
De la fille du ciel adorez la présence!

VELLEDA.

Du tranchant de la serpe d'or
Je vais blesser le chêne séculaire,
Et du gui salutaire
Vous livrer le trésor.

*Fête du gui.*

*( Velleda montée sur le gradin coupe la première branche du gui, les Senamis achèvent d'en dépouiller l'arbre. De jeunes filles le rassemblent en gerbes et Velleda le distribue à l'assemblée. Danse pendant cette cérémonie que Velleda préside sur un trépied de bronze. )*

### CHOEUR GÉNÉRAL.

Du tranchant de la serpe d'or
Blessez le chêne séculaire,
   Et du gui salutaire
   Livrez-nous le trésor.

### CHOEUR DE FEMMES.

D'amour, de gloire, et de jeunesse,
Emblème heureux et révéré,
Ornez nos fronts! chantons sans cesse
Le gui l'an neuf! le gui sacré!

### VELLEDA.

Contre un dieu qui m'oppresse
Je me débats en frémissant.
   O terreur! ô tristesse!
   Il m'agite, il me presse :
Teutatès demande du sang!

### CHOEUR.

Par la voix de la druidesse
Teutatès demande du sang.

### VELLEDA.

Eubages, remplissez un devoir légitime,
A cet autel de fer amenez la victime.

*( Les Eubages vont chercher la victime. )*

### ENSEMBLE.

| FEMMES. | | MARCHE. |
|---|---|---|
| **CHŒUR.** | VELLEDA, *à part.* | BARDES, SENAMIS. |
| A l'effroi la pitié vient s'unir, | O terreur! je ne puis définir | De ces monts, que les vents font gémir, |
| Dans nos cœurs étouffons sa voix tendre; | Ces regrets que mon cœur fait entendre. | Nous voyons les torrents se répandre; |
| Dans le sang que leurs mains vont répandre | Ah! du sang que nos mains vont répandre | Le tonnerre au loin se fait entendre; |
| Nos regards perceront l'avenir. | Est-ce moi que le ciel veut punir? | Est-ce nous que le ciel veut punir? |

# SCÈNE IV.

### LES MÊMES, MÉROVÉE, EUBAGES.

(*Quelques uns ont des flambeaux.*)

### MÉROVÉE.

Sans la voir, il me faut donc périr!
D'un regret je ne puis me défendre.
Fiers Gaulois, frappez sans plus attendre!
D'un Sicambre apprenez à mourir.

### VELLEDA.

Un Sicambre, a-t-il dit!... je tremble, je frissonne!

### ISUL, *à Velleda.*

On n'attend plus que vous. De la pâle couronne,
    Signal de son dernier moment,
Au front de la victime imposez l'ornement!

### VELLEDA.

Donnez!.. Où vais-je? O ciel!.. quelle nuit m'environne!

### ENSEMBLE.

### VELLEDA.

O terreur! je ne puis définir...

MÉROVÉE.

Sans la voir il me faut donc périr!...

( *On reprend le morceau d'ensemble.*)

VELLEDA.

Malheureux étranger! d'un dieu l'arrêt suprême

T'a marqué du sceau des douleurs,

Et je viens...

MÉROVÉE.

Quelle voix! se peut-il?...

VELLEDA.

C'est lui-même!

MÉROVÉE.

Je tombe à tes genoux.

VELLEDA.

Je meurs.

( *L'orage redouble, et le désordre qu'il occasione empêche que le peuple s'aperçoive de la reconnaissance des deux amants.* )

CHOEUR GÉNÉRAL.

La foudre en éclats effroyables

Sillonne les cieux en courroux·

Leurs voûtes formidables

Semblent fondre sur nous.

Que peut un courage inutile?

VELLEDA, *au peuple.*

Vers le temple fuyez, et cherchez un asile.

CHOEUR, *en sortant.*

Vers le temple fuyons, et cherchons un asile.

( *Velleda conduit des yeux le peuple vers le temple, feint d'y entrer avec lui, et revient sur ses pas.* )

# SCÈNE V.

*( L'orage continue. )*

## MÉROVÉE, VELLEDA.

MÉROVÉE, *d'abord seul.*

Je l'ai vue, et je vis encor!
Et vers la demeure éternelle
Mon ame brûlante et fidéle
N'a point pris son essor!
Approchons sans terreur de l'abyme où je tombe,
Un seul de ses regards vient d'enchanter ma tombe.

VELLEDA.

Jeune étranger!

MÉROVÉE.

Qui m'appelle?

VELLEDA.

Fuyez.

Il est de mon destin de vous sauver la vie.

MÉROVÉE.

Je la perds sans regret si je meurs à vos pieds.

VELLEDA.

Elle vous est ravie
Si vous tardez un seul moment.

*( Elle le délie. )*

Éloignez-vous.

MÉROVÉE.

Que je vous fuie!

VELLEDA.

Voyez la mort.

### MÉROVÉE.

Je vois un plus affreux tourment,
Et la mort m'en délivre.

### VELLEDA.

Vous me glacez d'effroi.

### MÉROVÉE.

Sans vous je ne puis vivre.

### VELLEDA.

Ah! par pitié pour moi!

### MÉROVÉE.

Eh bien! daignez me suivre!

### *ENSEMBLE.*

| VELLEDA. | MÉROVÉE. |
|---|---|
| Je ne me connais plus, grands dieux! | De mon sort je rends grace aux dieux. |
| J'ose invoquer votre colère, | Quand vous rejetez ma prière, |
| Frappez : et que votre tonnerre | J'obtiens cette faveur dernière |
| Ouvre ma tombe dans ces lieux. | De pouvoir mourir à vos yeux. |

### VELLEDA.

Le ciel est embrasé, la tempête redouble.

### MÉROVÉE.

Moment cent fois heureux!

### VELLEDA.

Quel trouble!

Fuyez...

### MÉROVÉE.

Jamais.

### VELLEDA.

Eh bien! avec vous...

### MÉROVÉE.

Pour toujours!

### VELLEDA.

Des bocages sacrés je connais les détours,

Venez... que vais-je faire !

MÉROVÉE.

Le calme renaît sur la terre.

VELLEDA.

C'est l'arrêt de ton trépas.

MÉROVÉE.

Tu peux encore m'y soustraire.

VELLEDA.

L'ivresse de l'amour m'entraîne sur tes pas.

*ENSEMBLE.*

| VELLEDA. | MÉROVÉE. |
|---|---|
| D'un amour fatal et terrible | L'amour dans cette nuit terrible |
| J'éprouve les brûlants transports, | Couronne enfin mes longs efforts ; |
| Et son pouvoir irrésistible | A son pouvoir irrésistible |
| A brisé mes derniers efforts. | Je m'abandonne avec transports. |

( *Ils sortent, et se conduisent à la lueur des éclairs. On les voit descendre dans une barque qu'entraîne le torrent.* )


FIN DU TROISIÈME ACTE.

# ACTE QUATRIÈME.

●

———

Le théâtre représente une vallée délicieuse. Velleda est endormie sous un toit de feuillage. L'aurore qui se lève éclaire le plus riant paysage. Mérovée, vêtu en Sicambre, est appuyé sur sa framée, et contemple Velleda.

## SCÈNE I.

### MÉROVÉE, VELLEDA, *endormie.*

#### MÉROVÉE.

Des premiers feux du jour l'horizon se colore :
Qu'elle aura de plaisir à voir naître l'aurore !
Déja de son éclat vermeil
Elle a paré ces fleurs, ces prés, cette onde pure :
Velleda, combien la nature
Va s'embellir de ton réveil !

#### AIR.

Quel est ce changement extrême,
Ce bonheur, ces vœux inconnus ?
En vain je me cherche moi-même,
Je ne me connais plus.
Mon ame éperdue et ravie
Reçoit une nouvelle vie ;
A mes yeux luit un nouveau jour.
Brillant fantôme de la gloire,
Sortez de ma mémoire,
Je n'appartiens plus qu'à l'amour.

VELLEDA : *elle se réveille.*

Je n'ose soulever ma timide paupière ;
Je crains qu'u⬛ayon de lumière
Ne fasse évanouir ce prestige enchanteur,
Ce doux rêye d'amour où s'égare mon cœur.
Par un charme nouveau je me sens captivée.
J'ai cru reconnaître ces lieux ;
Mais je n'y vois plus Mérovée,
Hélas !

MÉROVÉE.

Il est devant tes yeux.

VELLEDA.

Quoi ! cette nuit, cette horrible tempête,
Ce sacrifice qu'on apprête,
Ces souvenirs confus d'un bonheur si parfait,
Ne sont point du sommeil le fragile bienfait ?

MÉROVÉE.

Ah ! ne doute jamais d'un bonheur qui m'enchante !
La liberté, l'amour consacrent nos liens ;
Nous sommes réunis.

VELLEDA.

J'entends ta voix touchante.

MÉROVÉE.

Tu conservas mes jours.

VELLEDA.

Tu disposes des miens.

*DUO.*

VELLEDA.

De ma bouche tremblante
L'amour exhale les accents.

**MÉROVÉE.**

Ta parole brûlante
Embrase tous mes sens.
A jamais règne sur mon ame.

**VELLEDA.**

Sois l'unique objet de mes vœux.

**MÉROVÉE.**

Mon cœur se nourrit de sa flamme.

**VELLEDA.**

Je m'enivre de mes aveux.

**ENSEMBLE.**

Tous les biens qu'on envie
Sont pour moi ton amour;
J'épuise en un seul jour
Le bonheur de la vie.
Par des liens si chers
Quand le sort nous rassemble,
Oublions l'univers:
Au fond de ces déserts
Vivons, mourons ensemble.

**MÉROVÉE.**

Cachons la trace de nos pas
Dans cet asile solitaire.

**VELLEDA.**

Les dieux, la patrie et la guerre
Aux vœux de notre amour ne s'opposent-ils pas?

**MÉROVÉE.**

Dérobons aux mortels la trace de nos pas.

**VELLEDA.**

Nous pouvons vivre l'un pour l'autre !

MÉROVÉE.

Félicité des dieux, égalez-vous la nôtre?

VELLEDA.

Je renonce aux palais des rois.

MÉROVÉE.

J'abjure des combats le laurier homicide.

*ENSEMBLE.*

Dans la retraite au fond des bois,
C'est là que le bonheur réside.

MÉROVÉE.

C'est là que de l'amour on suit la douce loi.

VELLEDA.

Mes jours, sans les compter, couleront près de toi.

*ENSEMBLE.*

Tous les biens qu'on envie
Sont pour moi ton amour;
J'épuise en un seul jour
Le bonheur de la vie.
Par des liens si chers
Quand le sort nous rassemble,
Oublions l'univers:
Au fond de ces déserts,
Vivons, vivons ensemble.

VELLEDA.

Sur les flots égarés dans l'ombre de la nuit,
Où sommes-nous?

MÉROVÉE.

Je l'ignore.

Dans ce séjour charmant, au lever de l'aurore,
C'est le ciel qui nous a conduit.

VELLEDA.
Vers nous un vieillard s'avance.
MÉROVÉE.
Je veux l'interroger.

# SCÈNE II.

### LES MÊMES, UN VIEUX PASTEUR.

MÉROVÉE.
Habitant de ces lieux,
Apprenez-nous de quel roi, de quels dieux,
Cette belle contrée adore la puissance.
LE VIEUX PASTEUR.
Sur les confins du pays des Rhédons
Que dévaste la guerre,
Des monts de l'océan la chaîne tutélaire
Protège nos heureux vallons.
VELLEDA, *avec la plus grande surprise.*
Que dit-il?
LE VIEUX PASTEUR.
Quand la Gaule, en malheurs trop fertile,
Gémit sous des dieux étrangers,
Dans ce séjour tranquille,
D'où l'indigence écarte les dangers,·
L'humble chaume de nos bergers
Aux vertus, à l'amour, offre un dernier asile.
VELLEDA, *à Mérovée.*
Je naquis dans ces lieux.
MÉROVÉE.
Le ciel dut les bénir.

VELLEDA.

A vos destins si doux Velleda vient s'unir.

LE VIEUX PASTEUR, *avec étonnement et respect.*

Velleda! se peut-il?... eh quoi! mes yeux timides
Ont osé s'arrêter sur vous!
Pasteurs, accourez tous;
C'est Velleda! la fille des druides.

# SCÈNE III.

LES MÊMES, PASTEURS DE LA VALLÉE.

CHOEUR.

Le jour le plus pur, le plus beau,
Éclaire une fête pareille;
Velleda, de ces lieux l'amour et la merveille,
Revient habiter son berceau.

VELLEDA.

Ces prés, ces vertes montagnes,
Ici tout parle à mon cœur;
Avec vous dans ces campagnes,
Près de mes jeunes compagnes,
Que manque-t-il à mon bonheur?

MÉROVÉE.

Non, Velleda, du ciel luï-même
La puissance suprême
Ne peut augmenter mon bonheur.

LE VIEUX PASTEUR.

De cette brillante journée
Embellissons les doux loisirs;
Que Velleda, par les dieux amenée
Sur cette rive fortunée,

Retrouve ses premiers plaisirs.

(*Fête champêtre dans laquelle s'unit le chant des bergers.*)

**BERGERS.**

La gaieté la plus pure
Anime tous nos jeux.
Les dons de la nature
Suffisent à nos vœux :
En paix, exempts d'envie,
Nous parcourons la vie,
Sans connaître ses maux.
A nos yeux chaque aurore
Brille d'attraits nouveaux.
Le couchant se colore
De souvenirs si beaux !
Et nous semons encore
Des fleurs sur les tombeaux.

**BERGÈRES.**

*VILANELLE.*

Vous qui voulez que la jeunesse
Perde l'éclat de ses beaux jours ;
Vous qui voulez que la sagesse
Tienne lieu des tendres amours :
Par une entreprise moins vaine
Annoncez-vous à l'univers :
Saisissez les vents dans la plaine,
Atteignez l'oiseau dans les airs.

Les faux plaisirs de l'inconstance
Ne sont point connus sur ces bords ;
L'amour, au sein de l'innocence,
Du temps y brave les efforts.

Celui qu'un nœud si doux enchaîne,
S'il parvient à briser ses fers,
Saisira les vents dans la plaine,
Atteindra l'oiseau dans les airs.

(*Continuation des jeux et des danses des bergers.*)

UN BERGER, *entrant.*

Suspendez vos chants et vos jeux.

Du haut des montagnes
Des bataillons nombreux
Menacent nos campagnes.

CHŒUR.

Ciel! où fuir?

MÉROVÉE.

Calmez votre effroi.

ENSEMBLE.

| MÉROVÉE. | CHŒUR DES BERGERS. |
|---|---|
| Loin de vous repoussez la guerre; | Soumis aux enfants de la guerre, |
| Courez, courez, armez vos bras; | En vain nous armerions nos bras; |
| Il n'est point de paix sur la terre | Nous vivons en paix sur la terre, |
| Pour qui redoute les combats. | Et nous ignorons les combats. |

# SCÈNE IV.

LES MÊMES, FLAVIUS, LOVIS, QUATRE GUERRIERS
FRANCS, TROUPE DE SOLDATS ROMAINS.

FLAVIUS.

Courez, c'est Velleda!

LOVIS.

Que vois-je? Mérovée!

MÉROVÉE.

Oui, l'ami des Gaulois.

VELLEDA.

C'en est fait, je le vois, ma perte est achevée.

FLAVIUS, *à Mérovée.*

Le fils de Pharamond conserve ici ses droits.

Les Romains et les Francs, unis pour sa défense,

Poursuivent la même vengeance,

Et vont marcher sous les mêmes drapeaux.

MÉROVÉE, *avec fureur et dédain.*

Nous !

FLAVIUS, *à Mérovée.*

Suis les pas de cet ami fidèle :

Et d'une femme criminelle

Laisse aux Romains le soin de punir les complots.

( *aux siens.* )

Allez ! qu'on la saisisse.

MÉROVÉE.

Le premier qui s'avance est mort.

LOVIS, *à Mérovée.*

Qu'espères-tu d'un vain effort ?

MÉROVÉE, *à Lovis.*

Lovis parle pour eux ! Lovis est leur complice !

LOVIS.

Songez à votre père, et calmez vos fureurs.

De votre perte inconsolable,

L'illustre Pharamond, que la douleur accable,

Dans le camp des Romains a cherché des vengeurs.

MÉROVÉE.

Dans le camp des Romains !

VELLEDA.

Ainsi donc par ma fuite,

Au désespoir réduite,

L'Armorique retombe aux fers des oppresseurs.

MÉROVÉE, *à Flavius.*

Velleda, près de moi, brave votre furie;
Je l'aime, je lui dois la vie;
Romains, n'espérez pas
L'arracher de mes bras.

#### ENSEMBLE.

| FLAVIUS, ROMAINS. | LOVIS, FRANCS, à Mé- rovée. | VELLEDA. |
|---|---|---|
| Que peut une vaine furie? | Tremble qu'une vaine furie, | Pour sauver ma coupable vie, |
| Songe que ton trépas | Contre elle armant leurs bras, | Dois-je souffrir, hélas! |
| Ne la sauvera pas. | Ne hâte son trépas. | Qu'il cherche le trépas? |

VELLEDA, *à Flavius.*

Puisqu'un si beau triomphe exige ma présence,
Sois content, Flavius,... je suis en ta puissance.

(*Elle se précipite dans les rangs romains.*)

MÉROVÉE.

O désespoir! ô rage!
Cruels, vous m'arrêtez!... à quel dieu recourir?
Tu me fuis, Velleda, tu veux me voir mourir!

VELLEDA.

Ah! songe que je vis encore,
Que tu m'aimes, que je t'adore,
Et que je règne dans ces lieux.

LOVIS, FRANCS.

La voix d'un père vous implore.

MÉROVÉE.

Perfides Romains que j'abhorre,
Vous répondrez de ces jours précieux.
Velleda!

VELLEDA.

Mérovée!

MÉROVÉE, VELLEDA.

## O funestes adieux!

### ENSEMBLE.

| FLAVIUS, ROMAINS. | VELLEDA. | MÉROVÉE. |
|---|---|---|
| Enflammés d'une ardeur nouvelle, | Grand Dieu! ta justice éternelle, | Tremblez, troupe lâche et cruelle! |
| Courons sur la cité rebelle, | Contre ma flamme criminelle | D'une alliance criminelle |
| Mars nous a frayé les chemins. | Arme leurs homicides mains; | Je romprai les nœuds inhumains. |
| Qu'à jamais la révolte cesse; | Punis ma coupable faiblesse, | Ma rage ardente, vengeresse, |
| Dans le sang de la druidesse | Mais dans le sang de la prêtresse | Éteindra la soif qui me presse |
| Vengeons César et les Romains. | Éteins les foudres des Romains. | Dans les flots du sang des Romains. |

### LOVIS, à Merovée à part.

Pharamond par ma voix t'appelle;
Viens calmer sa douleur mortelle;
Hâte-toi, sortons de leurs mains :
Contrains la fureur qui te presse,
Et cache la main vengeresse
Qui s'arme contre les Romains.

### FRANCS, à Mérovée.

Ton père, la gloire t'appelle,
Écoute cette voix fidèle;
Poursuis de plus nobles desseins.
De l'amour abjure l'ivresse,
C'est un peuple entier qui te presse,
Sur toi reposent ses destins.

**FIN DU QUATRIÈME ACTE.**

# ACTE CINQUIÈME.

———

Le théâtre représente d'un côté la ville des Gaulois, sur les remparts et les tours de laquelle on découvre quelques sentinelles. Plus en avant, du côté opposé, on voit, au milieu d'un bois de cyprès, le dolmin ou tombeau de Brennus, qui doit donner l'idée d'un vaste monument. L'entrée principale doit être dans une position remarquable. Au fond, le camp des Romains adossé à la forêt, et appuyé, par la gauche, à un lac et à la chaîne des montagnes qui bordent son rivage.

## SCÈNE I.

VELLEDA, GAULOISES, VIEILLARDS, GAULOIS, ENFANTS, SOLDATS ROMAINS.

CHŒUR GÉNÉRAL.

Il n'est plus d'espérance,
Tout cède au vainqueur en courroux.

VIEILLARDS.

Nous périrons tous.

FEMMES.

Et nous périrons sans vengeance.

CORYPHÉE.

De vos cris remplissez les airs :
Victime d'un destin funeste,
Des Gaules la fille céleste

S'avance vers ces lieux, les bras chargés de fers.

CHŒUR.

O de tous les forfaits le plus épouvantable!

VELLEDA, *entrant.*

(*Elle est enchaînée et conduite par des gardes.*)

Quel est ce désespoir? quelle horreur vous accable
    Et semble vous glacer d'effroi?
    Les chaînes qui pèsent sur moi
    Ne peuvent arrêter mon ame
    Qu'un saint espoir vient d'embraser;
    Le souffle du dieu qui m'enflamme
     Suffit pour les briser.

UN CORYPHÉE.

Quel dieu peut nous sauver, et quel espoir nous reste,
Quand Velleda périt, quand du ciel en courroux
    Accomplissant l'arrêt funeste,
Sicambres et Romains sont armés contre nous?

VELLEDA, *montrant la ville avec inspiration et y lançant*
*une flèche.*

Isul est dans ces murs; la flèche messagère
Va porter jusqu'à lui l'écrit que j'ai tracé :
    Ce trait que ma main a lancé
Laisse un sillon de feu sur sa trace légère.

    (*Montrant le tombeau.*)

    Du fond de ce vaste dolmin
    La voix des morts se fait entendre;
C'est là que de Brennus on révère la cendre;
C'est là que de nos maux nous trouverons la fin.

CHŒUR.
    Il n'est plus d'autre espérance.

Avec vous
Nous périrons tous.
Périrons-nous sans vengeance?

# SCÈNE II.

LES MÊMES, **FLAVIUS**, SUITE DE GUERRIERS ROMAINS.

**FLAVIUS.**

Dans un moment Isul se livre entre nos mains;
Vos plus braves guerriers sont aux fers des Romains;
César m'a commis sa justice,
D'un peuple révolté je lui dois le supplice.
Je dois venger le crime à mes yeux entrepris;
Je fais grace pourtant; apprenez à quel prix:
Des périls trop certains où ce jour vous expose
Une femme est la cause,
Elle a trahi l'état, et César, et sa foi,
Qu'elle meure à l'instant.

**CHŒUR DES GAULOIS.**

Jour de deuil et d'effroi!

**FLAVIUS.**

Que Velleda périsse!
Je laisse à sa fierté le soin de son supplice.

**ROMAINS.**

Que Velleda périsse!

**VELLEDA.**

Ton ordre, Flavius, a rempli mes souhaits.
Ce poignard en mes mains est un de vos bienfaits;
J'en saurai faire usage.

### AIR.

Prête à venger l'outrage
Fait à mon pays, à mes dieux,
Préteur, d'un indigne esclavage
Brise les liens odieux.

( *On détache ses fers par ordre de Flavius.* )

Une erreur fatale et chérie
Un moment égara mes vœux,
L'amour me rend à la patrie,
Je serai digne de tous deux.

### CHŒUR DES GAULOIS.

Désarmez ses mains parricides,
Grands Dieux, sauvez la fille des druides!

VELLEDA, *s'avançant vers le tombeau en élevant la voix.*

Relevez vos fronts abattus,
Je marche au tombeau de Brennus.

### FLAVIUS.

Vas-y chercher la mort.

VELLEDA, *près de la porte du tombeau, suivie par quelques soldats romains qui s'arrêtent auprès des arbres.*

Et peut-être la gloire!

( *avec force.* )

Ouvrez-vous à ma voix, asile du trépas.

( *Le tombeau s'ouvre avec fracas et des flammes en sortent : Velleda s'y précipite en disant :* )

Intrépides Romains, osez suivre mes pas.

### CHŒUR GÉNÉRAL.

Quel feu brille à travers les ombres?
Écoutez ces bruits souterrains.

FLAVIUS.

Poursuivons-la dans ces abymes sombres.

(*Il va pour entrer dans le tombeau, suivi de quelques uns des siens.*)

CHOEUR DE ROMAINS.

Nos cœurs sont glacés d'épouvante.

Que faire en ce péril certain?

Déja la flamme dévorante

Colore l'horizon lointain.

UN OFFICIER ROMAIN, *entrant.*

Hâtons-nous de quitter ces bois

Qu'ont embrasés les femmes des Gaulois.

CHOEUR GÉNÉRAL.

Nos cœurs }
Leurs cœurs } sont glacés d'épouvante.

Que faire en ce péril }
Pour eux le péril est } certain?

Déja la flamme dévorante

Colore l'horizon lointain.

UN GUERRIER ROMAIN, *entrant.*

Des Francs une horde sauvage

Vient d'aborder sur ce rivage,

Et contre nous marche à grands pas.

Le fils de Pharamond, le jeune Mérovée,

Conduit ces farouches soldats.

VELLEDA, GAULOIS, *sortant du tombeau en armes.*

Victoire au vaillant Mérovée!

ROMAINS.

Notre ruine est achevée.

FLAVIUS, *sortant avec les Romains.*

La victoire est à nous si vous suivez mes pas.

# SCÈNE III.

VELLEDA, GAULOISES, ISUL, GUERRIERS GAULOIS.

ISUL, VELLEDA, GAULOIS.

Volons }
Volez } au milieu des batailles.

Hésus, viens, embrase { nos } cœurs.
{ leurs }

Nous périrons sous ces murailles,

Ou vous y rentrerez }
Ou nous y rentrerons } vainqueurs.

( *Isul sort avec ses guerriers.* )

VELLEDA, *aux Gauloises.*

Soutenez leur bouillant courage,

Redoublez des efforts si beaux;

Gauloises, c'est votre partage:

D'amour et de valeur embrasons les héros.

CHŒUR DE FEMMES.

Soutenons leur bouillant, etc.

VELLEDA.

Connaissez mon espoir et calmez vos alarmes,

Ce noble chef des Francs qui s'unit à nos armes,

Qui nous prête aujourd'hui son généreux secours,

Est un héros chéri dont j'ai sauvé les jours,

Mon cœur vous en répond.... Quels cris se font entendre!

( *A un peloton de soldats gaulois qui entre sur la scène en désordre.* )

Guerriers, où courez-vous?...C'est là qu'il faut vous rendre.

C'est là qu'est l'ennemi... Que gagnez-vous à fuir?

Couvert de gloire ou d'infamie,

Ne faut-il pas toujours périr?
Ce n'est donc que pour la patrie
Que vous ne savez pas mourir!

CHŒUR DE FEMMES, *en exposant leurs enfants à leurs pieds.*

Si la voix de l'honneur n'entre plus dans vos ames,
Foulez, foulez aux pieds vos enfants et vos femmes.

(*Les Gaulois, excités par leurs femmes, reprennent courage et vont au-devant des Romains qui descendent des hauteurs pour les poursuivre.*)

GAULOISES, *à genoux.*

PRIÈRE

Toi qui de l'un à l'autre pôle
Rendis nos pères triomphants,
Dieu terrible, dieu de la Gaule,
Protége leurs nobles enfants.
D'un combat digne de mémoire
Honore ces cœurs généreux,
   Et sur cette victoire
   Fonde les jours de gloire
Promis à nos derniers neveux.

VELLEDA.

Écoutez le bardit célèbre.

CHŒUR DE GUERRIERS, *en dehors.*

Triomphe, honneur à nos drapeaux!

VELLEDA.

(*Faisant observer à ses compagnes la branche de chêne qu'un guerrier vient planter sur le tombeau de Brennus.*)

Au sommet du dolmin funèbre
L'arbre sacré balance ses rameaux.

26.

CHŒUR DE GUERRIERS.

Triomphé, honneur à nos drapeaux !

# SCÈNE IV.

LES MÊMES, ISUL, GAULOIS, SICAMBRES, MÉROVÉE,
BARDES, etc.

*( Bardit sur un air de marche militaire.)*

BARDES, PEUPLE.

Nous avons paru dans la plaine,
Triomphe, honneur à nos drapeaux !
Hésus, dans la sanglante aréne
Lui-même a conduit les héros.
Les légions sont écrasées
Sous ses pas immortels ;
Au feu des villes embrasées
S'allument ses autels.

PEUPLE.

Nous avons paru dans la plaine
Triomphe, honneur, etc. etc.

BARDES.

Le fer dans nos mains triomphantes
Venge nos longs malheurs ;
Du Tibre les vierges tremblantes
A leur tour verseront des pleurs.

GUERRIERS, PEUPLE.

Nous avons paru dans la plaine,
Triomphe, honneur à nos drapeaux !
Hésus, dans la sanglante aréne
Lui-même a conduit ses héros.

Triomphe, honneur à nos drapeaux!

ISUL.

L'Armorique est sauvée;
Un jour a changé les destins,
Et l'invincible Mérovée
Dans la forêt ardente a plongé les Romains.

MÉROVÉE.

Votre cause, Gaulois, est désormais la nôtre,
Nous acceptons vos ennemis.
Mais quand notre valeur a secondé la vôtre,
J'ose de nos efforts vous demander le prix.

ISUL.

Il n'en est qu'un digne de ta vaillance,
Digne des temps nouveaux que ce grand jour commence;
Des Francs et des Gaulois qu'il confonde les noms:
Pour unir à jamais deux peuples intrépides,
J'offre la fille des druides
A l'héritier des Pharamonds.

CHŒUR GÉNÉRAL.

Quel présage de gloire!
Quel avenir s'offre à nos vœux!
En présence de la victoire
L'hymen forme ses premiers nœuds.

MORCEAU D'ENSEMBLE.

(*Réunion des deux peuples; mariage de Velleda et de Mérovée; exaltation de Mérovée sur le pavois. Cette cérémonie célèbre et historique doit être le motif principal de cette fête. Les airs de danse sont accompagnés en partie par le chant des Bardes.*)

FIN DU CINQUIÈME ACTE.

# NOTE.

M. Aymon, jeune compositeur, récemment arrivé de Marseille, avait été chargé par moi de mettre en musique l'opéra de *Velleda*, ou *les Gauloises*. Encouragé par le bonheur que j'avais eu de révéler à la France l'admirable talent de M. Spontini, j'espérais produire au jour celui de M. Aymon, dans un ouvrage que je croyais plus favorable que *la Vestale* aux grands effets de la musique.

M. Aymon avait travaillé sur ce poème reçu depuis plusieurs années par le comité de l'académie *impériale* de musique: mais à l'époque où il présenta sa partition achevée, l'administration de l'académie *royale* de musique avait pris un arrêté, d'après lequel tous les ouvrages antérieurement reçus, devaient être soumis à une seconde lecture: je subis ce nouvel examen.

Malheureusement le jury nouvellement institué qui prononça sur ma piéce, avait pour système que les opéras ne pouvaient être trop courts ni les ballets trop longs: en conséquence on m'imposa la condition de réduire ma piéce de cinq actes en trois [1].

J'eus beau faire observer à mes juges que cet ouvrage

---

[1] Depuis on a monté plusieurs ouvrages en quatre et en cinq actes, les *Danaïdes*, *Tarare*, *Aladin*; et au moment ou j'écris on s'occupe de monter un opéra d'*Ipsiboë* en quatre actes.

était beaucoup moins une tragédie qu'un roman lyrique, que j'avais besoin de cette division en cinq actes pour donner à mon sujet tout le développement nécessaire, que d'ailleurs l'opéra de *Velleda* n'était pas plus long que la plupart des pièces en trois actes, puisqu'il ne renfermait pas un plus grand nombre de vers : le jury persista dans une décision qui détruisait mon plan; je refusai de m'y soumettre, et ma pièce ne fut pas jouée. Peut-être le public jugera-t-il, à la simple lecture, que cet ouvrage, soutenu par une bonne musique, pouvait obtenir quelque succès sur la scène.

# TABLE

## DES PIÈCES CONTENUES DANS CE VOLUME.

---